当心水中的“外来客”

——外来水生生物防控必知

顾党恩　罗　刚　黄宏坤◎主编

中国农业出版社
北　京

本书编委会

科普顾问　蒋宏斌　王虹人

主编

顾党恩　罗　刚　黄宏坤

副主编

李　昂　张　驰　张　弛　刘　宣　王举昊　宋　振
汪学杰　贾　涛

参编

邵　禹　胡隐昌　庄　平　张国良　史海涛　杨　刚
史东杰　孙砚胜　钱宏伟　喻　燚　沈禹羲　张　芹
李高俊　蔡杏伟　吴金明　林永晟　周佳俊　庄维诚
赵亚辉　陈秋菊　李　雷　唐富江　鲁万桥　谢昊洋
刘　飞　田　媛　陈熹贤　余梵冬　刘春龙　乔刘鑫
姜巨峰　李成久　徐浩然　陈宝雄　王宇晨　吴昊昊
郑斯迪　石功鹏阳　黄皓晨　崔瑞娜　顾世民　闫　卓
杜元宝　徐　猛　房　苗　韦舒健　王晓梅　邱　宁
罗　思　蒲　静　韦　慧　舒　璐　杨　彬　姜　盟
丁兆宸　曾晓起　段青红　赵美玉　陈江源　罗腾达
陈奕铭　钱洪波　陈伟强　周　波　贾　栋　潘贤辉
周康奇

前言 Preface

外来水生生物的科学利用极大地促进了全球渔业和社会经济的发展，但盲目引种和不规范养殖、丢弃、放生等原因所导致的部分外来水生生物的入侵，又对全球粮食安全和生态安全构成了严重威胁。我国是世界上遭受生物入侵威胁和危害最为严重的国家之一，每年造成的直接经济损失逾2 000亿元。国家高度重视外来入侵物种防控工作，党的二十大报告明确提出“加强生物安全管理，防治外来物种侵害”。2023年中央1号文件明确提出“严厉打击非法引入外来物种行为，实施重大危害入侵物种防控攻坚行动，加强‘异宠’交易与放生规范管理”。外来水生生物作为一个独特的类群，由于其特殊的生境类型和生活史特征，一直都是外来物种研究的盲区，但是外来水生生物又随着各种途径进入大众的生产和生活，是一个不容忽视的类群。在做好源头预防、普查摸底、预警监测、精准治理和科学利用的同时，有效防范外来水生生物入侵，亟须全社会的共同参与，提升社会公众防范意识，从每一个人做起，从身边的小事做起，共同构建抵御外来物种入侵的“钢铁长城”。

外来水生生物从引入到释放、扩散和入侵的全过程，涉及不同的管理部门和不同类型的从业人员，再加上水生生态系统的不可预见性，其防控是一个非常复杂的过程。单单就外来水生生物本身而言，已知进入我国自然水域的就有数百种之多，再加上未知的和区域外来物种，不断增加的种类更给防控带来了一系列难题。本书尽管集成了团队中管理部门、科研人员、科普爱好者的智慧，但在认识上仍可能存在不足，恳请广大读者批评指正。

本书由中国水产学会外来水生生物防控科学传播专家团队成员和有关专家共同完成。本书的出版得到了国家大宗淡水鱼产业技术体系（CARS-45）、国家自然科学基金（32371746）、喀什地区重大危害外来入侵动物的预警和防控研究（NFS2101）、海南省科技项目资助（ZDYF2023SHFZ132）、国家重点研发计划（2023YFC2605200）、中国水产科学研究院基本科研业务费（2023TD-17）的支持，受到了农业农村部科技教育司、农业农村部农业生态与资源保护总站、全国水产技术推广总站等的指导和帮助，在此一并表示感谢！

编　者

2023年8月

目录

Contents

01 外来水生生物的基本定义和范围

外来水生生物，是指在特定水生生态系统内无天然分布，经自然或人为途径传入的物种，包括该物种所有可能存活和繁殖的部分。按照来源不同，外来水生生物可分为3个大类：一是不同大陆间的外来水生生物，例如从美洲大陆引入我国的克氏原螯虾（图1–1）、云斑鮰（图1–2）等；二是同一大陆不同流域间的外来物种，例如从恒河流域引入我国的麦瑞加拉鲮和露斯塔野鲮、跨流域进入雅鲁藏布江水系的丁鲹（图1–3）；三是同一流域不同生态系统间的外来物种，例如从长江下游进入上游高原湖泊的麦穗鱼（图1–4）、子陵吻虾虎鱼等。在管理上，一般分为两类，来自国外的统

图1–1　来自美洲大陆的克氏原螯虾（张芹　供图）

图1-2　来自美洲大陆的云斑鮰（喻燚　提供）

图1-3　流域间外来物种——丁鲅（喻燚　供图）

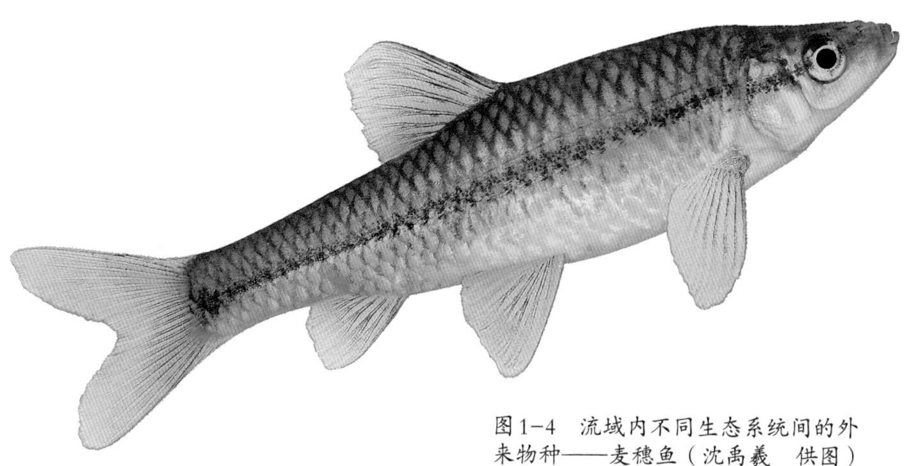

图1-4　流域内不同生态系统间的外来物种——麦穗鱼（沈禹羲　供图）

称为国外外来物种，来自国内流域间和流域内的统称为区域外来物种，《外来入侵物种管理办法》针对的就是来自国外的外来物种。

外来入侵水生生物，是指在传入地定殖并对生态系统、生境、物种带来威胁或者危害，影响我国生态环境，损害农林牧渔业可持续发展和生物多样性的外来水生生物。

并不是所有的外来水生生物都是有害的，形成入侵的外来水生生物只是其中很小一部分。外来非入侵的水生生物包括：①养殖的外来水生生物，如养殖水域中的克氏原螯虾、大口黑鲈、南美白对虾（凡纳滨对虾）、尼罗罗非鱼等，这些外来水生生物是水产养殖的重要类群，对于渔业增产、渔民增收和保障粮食安全均具有重要的意义，在养殖条件下也不会形成危害（详见“中国水产”微信公众号，《如何科学认识和管理外来水生动物》一文）；②暂存的外来水生生物，如食人鲳（纳氏臀点脂鲤）（图1–5），在自然水域属于偶见种，很难越冬，种群很快就会随着个体的死亡而消亡，属于暂时存在的物种；③归化外来物种，通过长期进化已经与当地水生生态系统融为一体的外来水生生物。

图1-5　食人鲳（顾党恩　供图）

北京市农林科学院水产科学研究所　史东杰、孙砚胜

北京渔侬瑞科技有限公司　钱洪波、钱宏伟

吉林省水产科学研究院　陈伟强

四川省农业科学院水产研究所　喻燚

南京市红山森林动物园　沈禹羲

河南省水产科学研究院　张芹

中国水产科学研究院珠江水产研究所　顾党恩

全国水产技术推广总站　郤禹

山西农业大学　贾栋

广西壮族自治区水产科学研究院　潘贤辉、周康奇

02 我国外来水生生物种类构成和入侵现状

我国幅员辽阔，生境和气候类型复杂多样，不同流域和海区的外来水生生物的来源、种类构成、资源量、扩散范围、入侵现状和危害程度均存在一定的差异。

2.1 海南岛诸河

海南岛地处热带区域，岛上密布河流、溪流、水库和湿地，为水生生物提供了得天独厚的生长环境，因此海南岛的水生生物物种的多样性、典型性、独特性在国内首屈一指（图2-1）。海南岛独流入海的河流有154条，其中南渡江、万泉河及昌化江是最主要的3条河流，流域面积占全岛的47%，河流中基本涵盖所有的海南淡水鱼种类。目前3条大河已记录淡水鱼类130多种，其中外来鱼类就占36种，齐氏罗非鱼（图2-2）等多个种类在河流中建立了种群并成为优势种。南渡江主要的外来鱼类为齐氏罗非鱼、豹纹翼甲鲇（清道夫）、云斑尖塘鳢（图2-3）、尼罗罗非鱼（图2-4）等；昌化江主要外来鱼类包括齐氏罗非鱼、低眼巨无齿𩷶、云斑尖塘鳢、尼罗罗非鱼；万泉河主要外来鱼类为齐氏罗非鱼、豹纹翼甲鲇、黑点道森鲃（紫红两点鲫）（图2-5）、布氏罗非鱼等。外来鱼类目前主要集中在河流的中下游，只有个别物种才在上游出现，比如食蚊鱼。但随着外来鱼类的增加和时间的推移，齐氏罗非鱼等有向上游扩散的趋势，在上游个别区域已经逐渐发现有齐氏罗非鱼活动的踪迹。

图2-1　海南外来物种调查（李高俊　供图）

图2-2　齐氏罗非鱼（李高俊　供图）

图2-3　云斑尖塘鳢（申志新　摄）

图2-4　尼罗罗非鱼（李高俊　供图）

图2-5　黑点道森鲃（李高俊　供图）

海南省海洋与渔业科学院　李高俊、蔡杏伟

珠江水系

珠江是我国第三大河，径流量位居全国第二，流域内河网密布，地理、气候独特，孕育了丰富的鱼类资源。然而，由于涉水工程、水域污染、过度捕捞、外来种入侵等人类活动影响，珠江流域鱼类栖息地逐渐丧失，鱼类资源衰退严重，许多特有种、传统经济种从常见种和优势种变成稀有种，部分种类甚至已经灭绝。

由于珠江流域位于改革开放的前沿地区，外来水生生物引种和贸易发达，提供了入侵的潜在“种子”，再加上温润的气候条件和密集的河网，给丢弃和放生到自然水域的外来物种提供了适宜的生存环境，使得珠江流域成为外来水生生物入侵严重的区域之一，几乎整个流域都受到了外来物种的威胁（图2-6至图2-8）。目前，整个珠江流域已有捕获记录的国外外来水生生物就超过50种（部分为暂存种）。其中，形成入侵的包括福寿螺、红耳彩龟（巴西龟）、齐氏罗非鱼、条纹鲮脂鲤（巴西鲷）（图2-9）、豹纹翼甲鲇（图2-10）、食蚊鱼、凤眼莲、大薸、空心莲子草等种类，另外，尼罗罗非鱼、麦瑞加拉鲮（图2-11）、露斯塔野鲮（图2-12）、革胡子鲇、伽利略罗非鱼等多种外来鱼类也都形成了规模不小的自然种群，双斑伴丽鱼、云斑尖塘鳢、青斑德州丽鱼、粉红副尼丽鱼、斑点叉尾鮰、血鹦鹉、斑点胡子鲇、马那瓜丽体鱼（马那瓜副丽鱼、花身副丽鱼）、莫桑比克罗非鱼、奥利亚罗非鱼、线鳢、短盖肥脂鲤等外来鱼类也常有发现。在部分河段，齐氏罗非鱼、豹纹翼甲鲇等外来入侵鱼类已成为优势种甚至绝对优势种，并带来了一定的威胁，亟须加强关注。

图2-6　珠江流域的外来物种调查

A.抚仙湖　B.桂江　C.西江　D.珠江口

图2-7　珠江流域某河段捕获的鱼类（大部分为外来种）（顾党恩　供图）

图2-8　珠江流域某河段捕获的齐氏罗非鱼和尼罗罗非鱼（顾党恩　供图）

图2-9　自然水域捕获的条纹鲮脂鲤

图2-10　豹纹翼甲鲇（顾党恩　供图）

图2-11　麦瑞加拉鲮

图2-12　露斯塔野鲮

中国水产科学研究院珠江水产研究所　顾党恩

2.3 福建沿海诸河

福建省位于我国南方沿海，气候常年温暖湿润，江河纵横交错，为外来鱼类的生存提供了良好的条件。近年来福建沿海外来鱼类种群规模大幅增加，外来水生生物入侵成了福建水生生物多样性的主要威胁因素之一。

在分布上，福建沿海河流几乎所有水生环境都有外来水生物种，但在不同环境下，入侵物种的种类略有差异。其中：山区溪流以齐氏罗非鱼、食蚊鱼、福寿螺为主，偶见革胡子鲇、克氏原螯虾等；江河环境以麦瑞加拉鲮、尼罗罗非鱼、齐氏罗非鱼、马那瓜丽体鱼、红耳彩龟为主；湖泊水库环境以豹纹翼甲鲇、革胡子鲇、齐氏罗非鱼、尼罗罗非鱼、食蚊鱼为主；城市水道以齐氏罗非鱼、尼罗罗非鱼、伽利略罗非鱼、革胡子鲇、食蚊鱼、清道夫、福寿螺为主；河口咸淡水地区及沿海环境以齐氏罗非鱼、尼罗罗非鱼、伽利略罗非鱼、莫桑比克罗非鱼、马那瓜丽体鱼、眼斑拟石首鱼为主（图2-13至图2-17）。

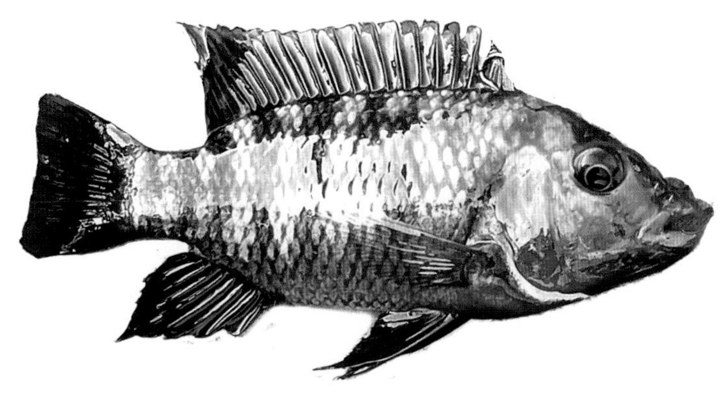

图2-13　2022年在福建福州采集到的齐氏罗非鱼（林永晟　摄）

图2-14　2022年在福建福州采集到的尼罗罗非鱼（林永晟　摄）

图2-15　2022年在福建福州采集到的伽利略罗非鱼（林永晟　摄）

图2-16　马那瓜丽体鱼（顾党恩　摄）

图2-17　革胡子鲇（姜盟　摄）

福建省大田县桃源镇人民政府　林永晟

浙江沿海诸河

浙江省位于我国东南沿海，气候四季分明，江河纵横，湖泊星罗棋布，自北而南，苕溪、运河、钱塘江、甬江、椒江、瓯江、飞云江、鳌江八大水系纵横交织，遍布之江大地；全省河流长约14万千米，流域面积50千米^{2}以上河流达865条；57个常年水面面积在1千米^{2}以上的湖泊，主要分布在环杭州湾两岸的杭嘉湖平原和萧绍宁平原。近年来，在内陆鱼类多样性调查工作中，我们发现各流域均有外来水生物种的分布，部分物种已对本土物种构成生存威胁，造成巨大的自然资源破坏和经济损失，亟须进行治理。

根据浙江省森林资源监测中心湿地与野生动植物资源监测处对省内各流域水生动物资源调查监测情况的统计，浙江省内外来鱼类主要为齐氏罗非鱼、太阳鱼（蓝鳃太阳鱼、绿太阳鱼及一些杂交品种）、尼罗罗非鱼、马那瓜丽体鱼、大口黑鲈、斑点叉尾鮰、短头梭鲃、麦瑞加拉鲮等养殖逃逸物种及食蚊鱼，也在自然流域中发现过鳄雀鳝、多鳍鱼等因观赏引入的鱼类。此外，克氏原螯虾、福寿螺、美洲牛蛙及红耳彩龟也是调查中常见的外来水生动物。

在分布上，浙江省内各流域均有外来物种发现，其中：齐氏罗非鱼在全省各流域均有分布，多见于各大中型水库，千岛湖种群较大；太阳鱼（图2–18）遍布全省从溪流到江河干流和湖泊湿地等各类水体；马那瓜丽体鱼在钱塘江干流中下游发现一定种群；尼罗罗非鱼主要分布于瓯江及其以南水系的江河和湖泊水库；大口黑鲈（图2–19）分布于全省各流域，主要在水库等湖泊湿地；

图2-18　瓯江流域捕获的太阳鱼（周佳俊　供图）

图2-19　大口黑鲈

斑点叉尾鮰分布于全省各流域，主要在江河干流和水库等湖泊湿地；短头梭鲃在苕溪与钱塘江干流发现一定个体，尚未发现稳定种群；麦瑞加拉鲮在苕溪、钱塘江、瓯江等流域偶见捕获，尚未发现稳定种群；食蚊鱼在全省各流域种群大；鳄雀鳝、多鳍鱼（图2-20）等观赏鱼类零星偶见，有一定入侵风险。

图2-20　曹娥江流域捕获的多鳍鱼（周佳俊　供图）

浙江省森林资源监测中心　周佳俊

2.5 台湾岛及其附属岛屿

台湾为中国东南海域的离岛地区，东临太平洋，西隔台湾海峡与福建相望，由台湾本岛、澎湖列岛、绿岛及兰屿等岛屿组成。其中，台湾本岛南北狭长，中央具有贯穿台湾南北的高耸山脉，使得台湾的溪流呈东西向且坡度大、水流急。然而，大规模的山林开发与都市化，使得家庭、畜牧、农业及工业等活动所排放的废水成为台湾溪流主要的污染物来源，而这些大量的污染物远大于溪流河川的负载力，造成淡水环境富营养化及缺氧等现象，加之内陆环境的不断开发，使得淡水生物栖息的环境受到破坏，长期如此的结果便是一些物种消失在台湾的溪流环境中。此外，近年观赏水族业迅速发展，历年的生物调查显示，外来鱼种入侵台湾溪流河川的问题相当严重，如花鳉科的孔雀花鳉、食蚊鱼、剑尾鱼等胎生鳉在台湾日益常见，这些物种借由胎生的优势，恐与台湾原生小型卵生鱼类产生很强的竞争；而慈鲷科的巴西珠母丽鱼（图2–21）、双冠丽鱼及俗称罗非鱼的多种口孵非鲫属物种占据了台湾多数河川中、下游缓水域及湖泊等，由于其性格凶猛且具有极强的领域性及护幼行为，成为台湾淡水原生生物的梦魇。除此之外，尚有大口黑鲈、线鳢（图2–22）、小盾鳢、云斑尖塘鳢、蟾胡鲇及麦奇钩吻鲑等肉食性物种，这些外来物种通过掠食与竞争，已危害许多台湾淡水原生生物的生存，许多昔日被认为常见的鱼类在如今已十分罕见，对于台湾的生物多样性可谓一大损失，同时也是台湾淡水域生态的一大警讯。

图2–21　巴西珠母丽鱼为台湾北部地区常见的优势外来入侵物种，图为一对正在护幼的巴西珠母丽鱼（庄维诚　供图）

图2-22　线鳢（顾党恩　供图）

台湾中山大学　庄维诚

长江水系

长江流域属于亚热带区域，气候温暖湿润，江河纵横交错，河流栖息地异质化程度高，为外来鱼类入侵提供了基础条件。近年来长江流域外来鱼类种类有增加的趋势，外来鱼类入侵成了长江流域生物多样性的重要威胁因素。

根据2017—2021年长江渔业资源与环境调查项目成果，5年间在重点断面实际采集到外来鱼类30种。在种类上，外来鱼类主要为杂交鲟、斑点叉尾鮰、梭鲈、罗非鱼等养殖逃逸品种，也包括锦鲤等观赏鱼类。在分布上，呈现出上游多于下游的格局，在长江上、中、下游江段和河口段分别采集到27种、16种、9种和2种。三峡库区外来鱼类的分布比较密集，包括施氏鲟、尼罗罗非鱼、露斯塔野鲮、锦鲤、须鲫、短盖肥脂鲤、下口鲇等，调查资料显示已大约有28种外来鱼类在库区建立稳定群落，占该库区鱼类种类数的19%（图2-23至图2-27）。

图2-23　2022年在宜昌江段采集到的杂交鲟（吴金明　供图）

图2-24　岷江上游的美洲红点鲑（喻燚　供图）

TL（背甲弧长）= 296毫米

图2-25　长江上游发现的小鳄龟（周波　供图）

图 2–26　大鳞鲃（周波　供图）

TL（全长）=190毫米

图 2–27　斑点胡子鲇（周波　供图）

中国水产科学研究院长江水产研究所　吴金明

2.7 淮河水系

淮河位于中国东部，发源于河南，介于长江与黄河之间，是中国七大河之一。淮河流域面积27万千米^2，以废黄河为界，该流域分为淮河水系和沂沭泗水系两大水系。淮河流域为中国南北气候过渡带，气候条件多样，物种丰富。然而，受外来入侵物种的影响，淮河流域的资源环境和本地种正在受到威胁。

（1）淮河流域外来水生动物　淮河流域的外来水生动物主要有克氏原螯虾（图2–28）、福寿螺、美洲牛蛙、斑点叉尾鮰、匙吻鲟等。克氏原螯虾、福寿螺和美洲牛蛙在河南信阳罗山县的稻田中大量出现，并且可以自繁。斑点叉尾鮰和匙吻鲟在淮河流域信阳地区的水库和河道中有发现，由于群体有限，目前还不足以成为入侵种，但也应防范其成为入侵种。

图2–28　克氏原螯虾（姜盟　供图）

（2）淮河流域外来水生植物　目前，淮河流域的主要入侵水生植物为大薸和凤眼莲（图2–29）。这两种植物在淮河的史灌河段大量出现，阻塞河道，并且严重影响了水面以下的生物的生长，当地政府曾花大量的人力和物力来清理这两种植物。

图2-29　淮河史灌河段出现大量的大薸和凤眼莲（赵良杰　摄）

信阳农林学院　田媛

2.8 黄河水系

依据历史资料和野外调查数据，黄河流域共记录有外来鱼类68种，其中原产地为国外的34种，原产地为国内的34种。在黄河流域有记录的国外鱼类引入中国的时间多数集中于20世纪50—90年代，多数作为养殖物种引入。从1950年至2001年，外来鱼类作为养殖对象的力度逐年增加，在90年代达到最大，在黄河流域共分布6种。在黄河流域分布的34种国外鱼类中，有17种原产地为北美洲和俄罗斯，原产地为欧洲的有4种，2种原产地为日本，其余的外来物种来自非洲、泰国、南美洲等地。在黄河流域上游共记录国外外来鱼类丁鲹、东方欧鳊、白鲫、德国镜鲤等19种；大西洋鲑、美洲红点鲑、食蚊鱼、俄罗斯鲟等14种外来鱼类在黄河中游有采集记录；下游曾记录欧洲鳗鲡、莫桑比克罗非鱼、尼罗罗非鱼、大口黑鲈等28种。另外，在黄河河口区域还记录有作为养殖对象引进的犬齿牙鲆、漠斑牙鲆、塞内加尔鳎等海洋性物种，分别于2002年和2003年引入。

在黄河流域记录的34种区域外来鱼类（国内不同流域间引种鱼类），主要来自长江、珠江、黑龙江水系以及其他水系（额尔齐斯河、淮河等水系）。原产地为长江水系的有21种，占国内外来鱼类的61.76%，珠江水系的有4种，黑龙江水系6种，额尔齐斯河水系1种，其他水系2种。其中原产地为黑龙江水系的池沼公鱼（图2-30）和原产地为长江水系的团头鲂作为养殖物种引入，目前广泛分布于黄河流域。作为引入物种的还有散鳞镜鲤（图2-31）、大口鲇、大眼鳜、白斑狗鱼和施氏鲟，在黄河的中游和下游有记录。原产于珠江水系的大刺鳅，黑龙江水系的东北颌须鮈、平口鮈，长江水系的小鳈、川西鳈、嘉陵颌须鮈以及其他水系的花棘鳅等小型鱼类集中分布于黄河下游的干支流。上游的区域外来鱼类更多的是细头鳅、唐古拉山高原鳅、小眼高原鳅和中华沙鳅等

图2-30　池沼公鱼（王晓梅　供图）

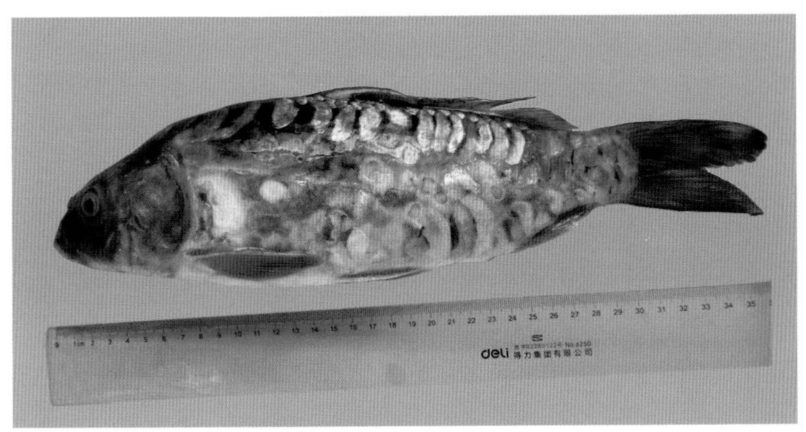

图2-31　散鳞镜鲤

原产地为长江水系的鱼类。综上所述，黄河流域受到外来物种干扰程度最大的为下游河段，其次为上游和中游。

中国科学院动物研究所　赵亚辉、陈秋菊

2.9 东北地区水系

东北地区水系包括黑龙江水系、辽河水系、绥芬河、图们江、鸭绿江、辽东半岛诸河、辽宁西部诸河、辽宁沿海岛屿河流、内蒙古达里湖等内流水系及东北地区的湖泊和水库。

根据现有资料和野外调查数据，东北地区外来水生生物包括国外外来物种、区域外来物种和改良种共计20种，其中国外外来物种11种，分别为红耳彩龟（图2-32）、大口黑鲈（加州鲈）、短头梭鲃（大鳞鲃）、德国镜鲤、虹鳟、莫桑比克罗非鱼、尼罗罗非鱼、食蚊鱼、匙吻鲟、亚洲公鱼和杂交鲟，其中虹鳟分布范围相对较广；区域外来物种5种，分别为河鲈（图2–33）、湖拟鲤、梭鲈（图2–34）、太湖新银鱼和团头鲂，其中团头鲂分布范围相对较广；改良种4种，分别为彭泽鲫、日本锦鲤、台湾大鳞副泥鳅和异育银鲫。另外，大银鱼、鲢、鳙、草鱼、青鱼等鱼类在东北部分水域为引进的区域外来物种。

图2–32　红耳彩龟（鲁万桥　摄）

图2–33　河鲈（罗刚　供图）

图2-34 梭鲈（徐浩然 供图）

中国水产科学研究院黑龙江水产研究所 李雷、唐富江、鲁万桥

2.10 西北地区水系

为促进渔业发展，西北地区在20世纪70—80年代开始了大量的鱼类引种活动，华中地区常见的青鱼、草鱼、鲢、鳙、鲤、鲫、鳊（图2-35）等经济鱼类被引入西北水系。在引种过程中，随着目标种引进的小杂鱼如真吻虾虎鱼、䱗、麦穗鱼等被无意带入新疆、青海、甘肃。随有意和无意的引种带入的外来物种对西北地区的渔业

图2-35 在塔里木河流域形成自然种群的鳊（王江 供图）

资源构成了严重威胁。

以青海省、新疆维吾尔自治区为例。青海省1970年初就开始在柴达木盆地内陆湖泊开展鲤、鲫的养殖。1980年中后期，随着黄河上游干支流水电大规模开发，大量具有经济价值的外来鱼类被引入水库养殖，如虹鳟、哲罗鲑、高白鲑、池沼公鱼、鲤、鲫、草鱼、鲢、鳙、团头鲂等，有的种类存在多个部门多次重复引种活动。在引进经济鱼类的同时，也不可避免地带入了大量经济价值不高的小型鱼类，如鳘、高体鳑鲏（图2–36）、麦穗鱼、棒花鱼、泥鳅、大鳞副泥鳅、小黄黝鱼、真吻虾虎鱼、波氏吻虾虎鱼、林氏吻虾虎鱼、中华青鳉等。

图2–36　入侵青海省大通河的高体鳑鲏
（谢昊洋　供图）

新疆维吾尔自治区自1959年新疆水产部门从长江水系往塔里木河水系引进青鱼、草鱼、鲢、鳙、团头鲂、鲤及其他经济鱼类，原产地的一些小型非经济鱼类如青鳉、真吻虾虎鱼等也被带进了塔里木河。类似这样的引种在20世纪60年代进行了多次，而且还从国内其他水系，如珠江水系引过。1968年在新疆境内连续进行了较大规模的“北鱼南调”工作，将额尔齐斯河水系的贝加尔雅罗鱼、湖拟鲤、河鲈等引入塔里木河水系，导致大量土著鱼类数量锐减，塔里木裂腹鱼、扁吻鱼（图2–37）一度濒临灭绝，而如今，扁吻鱼已经在野外难以寻觅，只能依靠人工繁殖艰难生存。

除此之外，西北地区因为先天优势，即存在高原冷水河流，

图2-37　受威胁的土著种扁吻鱼（谢昊洋　摄）

在20世纪80—90年代大量引进以虹鳟（图2-38）为主的鲑鳟鱼类。但因为种种原因如管理不善、弃养等情况的发生，导致以虹鳟（图2-39）为主的鲑鳟鱼类扩散到西北地区的自然水体中。

图2-38　采自甘肃省的虹鳟（谢昊洋　摄）

图2-39　甘肃省养殖逃逸的虹鳟（谢昊洋　摄）

随着时间的推移，虹鳟在龙羊峡、李家峡、康扬、公伯峡水库已建立自然种群，且产卵场主要位于水库的回水区。对于西北地区土著鱼类而言，那些南方来的小杂鱼并不能严重影响它们的生存环境，但虹鳟这种大型掠食性鱼类不仅威胁着土著鱼类幼体的生存，对成体也造成不小的威胁，这种后果是非常可怕的。

目前，中国西北地区正面临着各种生物入侵日益严重的威胁，随着贸易和旅游业的发展，生物入侵的可能途径增多、发生概率加大，潜在威胁不容忽视。从社会发展和经济发展的需要来看，优良鱼类种质的引进对人类社会的繁荣发展确实是有益的。因此，应尽快对引进鱼类种质制定法律法规，建立风险评估和监控体系，加强监管措施，以达到防范外来种类入侵的目的。

中国科学院水生生物研究所水生生物博物馆　谢昊洋

青藏高原水系

青藏高原是世界上海拔最高、河流数量最多、湖泊面积最大的高原，平均海拔4 000米以上，是亚洲许多著名大河的发源地，如长江、黄河、怒江、澜沧江、雅鲁藏布江、恒河、印度河等，还拥有1 500多个湖泊，是我国水能资源基地和水资源安全战略基地，被誉为“世界屋脊”“亚洲水塔”。

青藏高原气候高寒缺氧，水温低，水生态安全阈值狭窄，一旦破坏，很难恢复。结构简单的水生生态系统的生产力低下，表现为饵料生物匮乏及土著鱼类生长缓慢、性成熟晚、繁殖力低等特征。

伴随着无序放生、养殖逃逸和休闲渔业发展，外来水生生物在青藏高原的入侵形势日趋严峻（图2–40、图2–41）。21世纪以来，外来鱼类已成为威胁青藏高原水生态安全的重要因素之一。而外来水生植物受限于水温，在青藏高原仅发现两种，即凤眼莲和埃格草，集中分布于藏东南低海拔区域。

图2–40　青藏高原外来水生生物调查采样
（杨婉玲　供图）

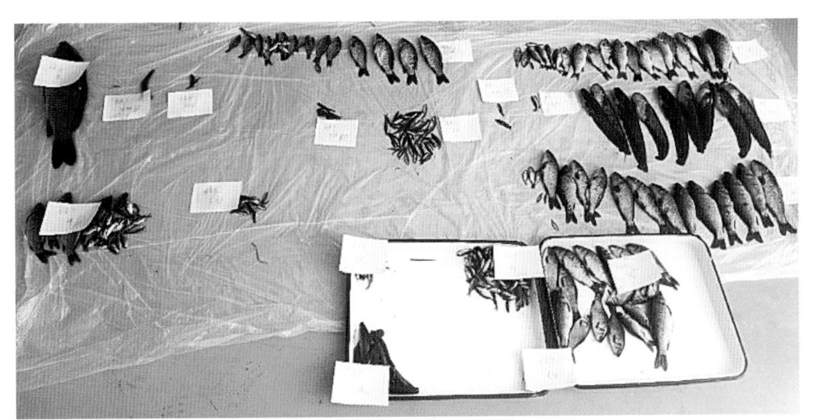

图2–41　2021年9月西藏拉鲁湿地的渔获物（刘飞　供图）
（283尾全为外来鱼类，无1尾土著鱼类）

目前，青藏高原外来水生生物入侵形势最严峻的区域集中在湿地和水库，如拉鲁湿地、茶巴朗湿地、直孔水库、加查水库及黄河上游青海段部分水电工程库区等。入侵种类以鲫、鲤（图2–42）、泥鳅、大鳞副泥鳅、丁鲅、洛氏鲅、鲇、棒花鱼、麦穗鱼（图2–43）、小黄黝鱼（图2–44）、中华青鳉、虹鳟、施氏鲟和杂

图2-42　西藏地区发现的鲤
（喻燚　供图）

图2-43　雅鲁藏布江水系发现的麦穗鱼
（喻燚　摄）

图2-44　小黄黝鱼
（姜盟　供图）

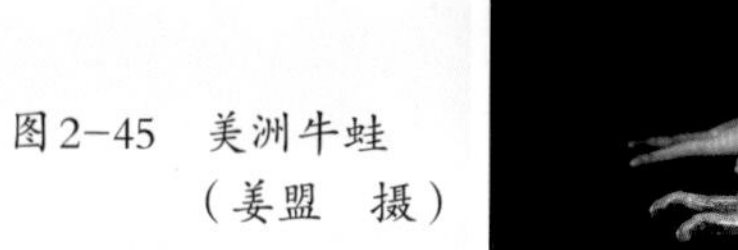

图2-45　美洲牛蛙
（姜盟　摄）

交鲟等广温性和冷水性鱼类及美洲牛蛙（图2-45）（拉鲁湿地）、红耳彩龟（拉萨河及其附属湿地）、罗非鱼（雅鲁藏布江墨脱段）等全球性的入侵物种为主。同时在青藏高原部分与垂钓场连通的自然水体中发现蚌科和田螺科的入侵物种，如背角无齿蚌、长舟蚌、中华圆田螺和梨形环棱螺等。青藏高原土著水生生物受限于其生物学特征，与外来水生生物竞争存在显著劣势，亟待开展外来水生生物入侵防控和水生态修复治理工作。

西藏自治区农牧科学院水产科学研究所　刘飞

2.12 南海

目前，已发现有90个外来种被引入南海。其中，物种数最多的类群是鱼类（32种）、软体动物（23种）和藻类（17种）。就原产地而言，来自太平洋的物种最多，为43种，其次为大西洋（24种）和印度洋（13种）。就引入途径而言，水产养殖是外来种引入的最主要途径，因为有一半以上外来种的引入是为了促进南海的渔业生产，包括欧洲鳗鲡、罗氏沼虾、南美白对虾（图2-46）和南方牙鲆。南海是全球贸易的重要航运通道，每年有超过一半的船舶都通过南海，使得船舶航运成为南海外来种引入的另一主要途径。外来种引入途径还包括水族交易和生态修复等。

南海的外来水生生物已经对当地的经济发展和生态环境造成了严重影响。在众多入侵影响之中，种间竞争是出现最频繁的，其次为生境改变、种间杂交、生物污染、寄生等。引入的鲽形目鱼类能够感染和传播淋巴囊肿病毒，对南海水产养殖和生物多样性构成了严重威胁；眼斑拟石首鱼（美国红鱼）是肉食性鱼类，其捕食行为导致本地鱼类种类及种群数量减少；一些藻类则会引起赤潮，导致大量的鱼类和贝类死亡。虽然外来植物的种类较少，但它们却造成了巨大的生态影响。例如，互花米草覆盖了原有植被并改变了滨海景观，显著降低了大型底栖生物的多样性。

图2-46　南美白对虾（李昂　供图）

中国海洋大学　刘春龙

华中农业大学　乔刘鑫

2.13 东海

目前对东海海域的生态环境和经济活动产生较大影响的典型外来入侵水生生物主要有眼斑拟石首鱼（图2-47）、海鞘和亚历山大藻等。

眼斑拟石首鱼俗称美国红鱼，原产于美国大西洋沿岸和墨西哥湾沿岸水域，作为养殖品种于1991年引入我国，并于1995年成

图2-47　眼斑拟石首鱼（庄平　摄）

功实现人工繁殖，在多个沿海省份进行推广，具有良好的养殖潜力。但是，由于养殖逃逸和人为放生等原因，其已广泛扩散至东海海域，并形成了自然种群。眼斑拟石首鱼是广温、广盐性鱼类，对环境适应能力强，且生长迅速、繁殖力强、食性广泛，具有较强的侵略性和扩张性，因此，极易对海洋生态系统造成严重的不利影响。

海鞘是一类低级的脊索动物，会分泌围绕身体的胶质或革质的“被囊”，故又被称为被囊类动物，多数种类的海鞘在幼体期营自由游泳生活，变态发育为成体后营固着生活。海鞘主要通过航运吸附和船舶压载水扩散至东海海域，由于其固生习性，常常密集附着在海洋基础设施和海水养殖网箱上，进而严重破坏人工礁石等基础设施，以及造成养殖减产。东海的主要种类有玻璃海鞘

（*Ciona intestinalis*）、萨氏海鞘（*Ciona savignyi*）、柄海鞘（*Styela clava*）、乳突皮海鞘（*Molgula manhattensis*）等。

亚历山大藻属于甲藻门，是一类浮游植物的总称。在东海海域扩散严重的主要种类有链状亚历山大藻（*Alexandrium catenella*）、塔玛亚历山大藻（*Alexandrium tamarense*）等。其是重要的赤潮生物，极易对海洋生态环境造成破坏，尤其是对渔业资源产生严重影响；而且多种亚历山大藻均可产生麻痹性贝类毒素，通过污染贝类进而极大地危害人类健康。

中国水产科学研究院东海水产研究所　杨刚、庄平

2.14 黄海

黄海已报道的海洋外来物种已有至少30种，其中外来有害病毒1种、外来赤潮生物7种、外来养殖藻类2种、外来栽培盐生植物3种、外来动物17种。外来动物中外来养殖软体动物5种、外来养殖节肢动物2种、外来养殖棘皮动物1种、外来养殖鱼类9种（田家怡等，2009）。

近年来亦有其他的外来物种在黄海海区被发现。如被引进养殖的原产于美国东海岸的薪蛤（硬壳蛤），同产于美国东海岸的条纹锯鮨（图2-48）；随着全球海洋航运，远渡重洋而来定居后，直至现在已开展养殖的紫贻贝（地中海贻贝）（图2-49）；从欧洲引进养殖的大菱鲆（图2-50）；等等。

这些外来物种中已有许多物种在黄海海区造成了较为严重的

图2-48　条纹锯鮨（王举昊　摄）

图2-49　紫贻贝（王举昊　摄）

图2-50　不合理放生的大菱鲆（卢昊卓　摄）

生物入侵问题。例如传染性强、潜伏期长、影响上百种养殖及野生淡海水鱼类的淋巴囊肿病毒；能够产生麻痹性贝毒（PSP）或腹泻性贝毒（DSP），同时影响海区水文环境，导致其他生物死亡的各种赤潮生物；挤兑本土植物种群、改变栖息地环境、导致生物多样性减少、致使环境生态功能丧失，甚至影响养殖、航运生产的大米草（图2-51）和互花米草（图2-52）；因为野外的种间杂交导致本土皱纹盘鲍的种群基因被污染的日本盘鲍；等等。

此前，这些生物入侵问题多来自国际航运贸易（船体附着、压载水等），外来种的粗放引进养殖（基因污染、养殖管理不当等），未经合理评估的景观物种滥用（应付式的“景观修复”等），走私，等等。近年来，其他不合理的公众活动亦加重了这一问题，例如不加审批的宠物贸易、不考虑当地生态的放生活动等。

图2-51　大米草（曾晓起　摄）

图2-52　互花米草（曾晓起　摄）

王举昊

中国水产科学研究院黄海水产研究所　李昂

2.15 渤海

渤海是近封闭的内海，由辽东湾、渤海湾、莱州湾和中央海盆组成，渤海沿岸是我国重要经济带，拥有得天独厚的地理位置和重要的战略地位，沿岸港口众多，拥有曹妃甸港、天津港和黄骅港等大型港口。除了养殖引种以外，渤海外来物种入侵主要是由渤海各港口及邻近锚地海域船舶携带的生物入侵。通过船底携带和压载水携带进入渤海海域的物种有大米草、互花米草、狐米草等；还发现17种外来浮游植物，除中华盒形藻外，其余16种均属于赤潮生物；有记录的多毛类包括利氏才女虫、凿贝才女虫、华美盘管虫等。此外，养殖品种的引进也是渤海海洋外来物种的一个重要传入途径，目前渤海海域的养殖外来植物主要为裙带菜、海带，外来动物包括条斑星鲽（图2–53）、南美白对虾、细角滨对虾、日本囊对虾、海湾扇贝、虾夷扇贝（图2–54）、硬壳蛤、贻贝、大菱鲆等，其中南美白对虾是渤海较为常见的捕捞

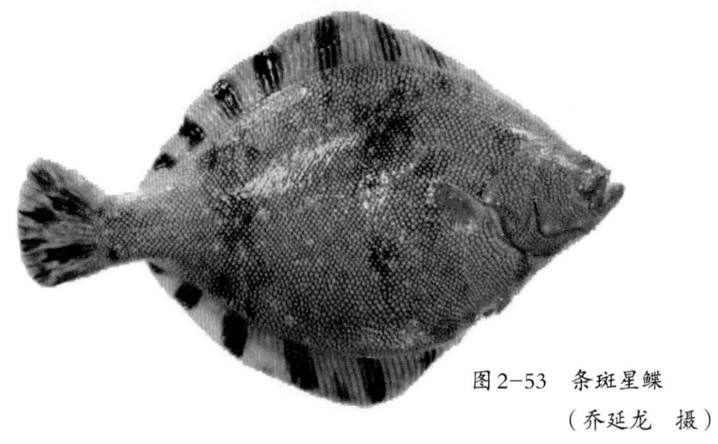

图2–53 条斑星鲽
（乔延龙 摄）

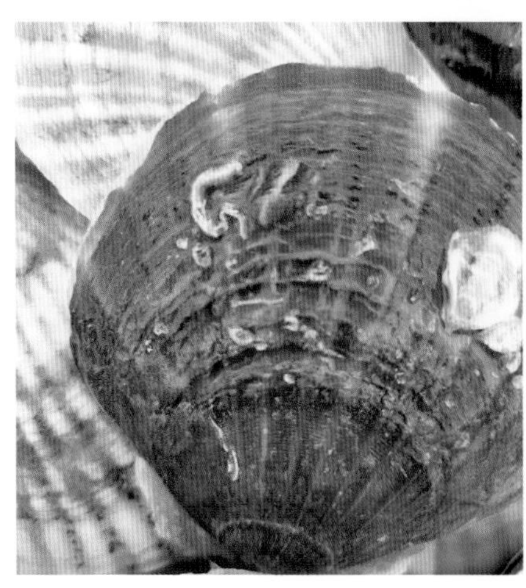

图2–54 虾夷扇贝

外来物种。

天津市水产研究所　姜巨峰
辽宁省海洋与渔业执法总队　李成久

澳门水域

澳门特别行政区位于中国南部珠江口西侧，由澳门半岛和氹仔、路环二岛以及路氹填海区组成。虽然城市化程度极高，但依旧有自然水域的存在。由于大量的建筑建造、填海造陆，澳门原有的水体受到极大压缩，原生水生物种数量锐减，在实地考察中，仅发现溪吻虾虎鱼、条纹小鲃、平头岭鳅、南海溪蟹、米虾等寥寥几个物种，而原有历史记录的叉尾斗鱼、青鳉、梅氏鳊、异鱲等却已销声匿迹。造成原生水生生物锐减的不仅仅是环境的改变，外来物种的大量繁殖挤占了原生物种的生存空间也是重要的原因之一。

澳门目前已探明的淡水外来物种以齐氏罗非鱼、尼罗罗非鱼为主。罗非鱼存在一定的耐盐性，可以通过溪流、河道的入海口上溯至各水体，侵占原生物种的生存空间。红耳彩龟、杂交鳢等物种在澳门各水体也时有发现。此外，在石排湾郊野公园内，笔者发现了观赏鱼红斑马鱼在野外水体的种群，且并未发现原有的青鳉种群，初步认为澳门石排湾的青鳉种群由于红斑马鱼的入侵已然消失；卢廉若公园内更是发现了市民投放的鳄雀鳝个体。而海洋中则由于部分市民的大量、高频率放生，存在着一定数量的杂交石斑鱼——珍珠龙趸，并扩散至澳门各海域（图2-55）。

图2-55　澳门水域外来物种调查（陈熹贤　供图）

A.石排湾郊野公园生境　B.鳄雀鳝与罗非鱼（卢廉若公园）

C.尼罗罗非鱼（路环街市）D.齐氏罗非鱼（路环海滩溪流入海口）

澳门科技大学　陈熹贤

华南地区典型湖泊

华南地区大型天然湖泊较少，主要是一些水库和城市湖泊。目前，在多数城市内湖，外来物种入侵形势同样十分严峻，多个湖区的外来物种重量占比和资源量占比均大于50%，种类以豹纹翼甲鲇、齐氏罗非鱼、条纹鲮脂鲤、麦瑞加拉鲮、尼罗罗非鱼等为主，其中豹纹翼甲鲇是绝对优势种。在惠州西湖，豹纹翼甲鲇占湖区鱼类重量和尾数的比例均在30%左右，是湖区的优势种；在肇庆星湖，豹纹翼甲鲇占渔获物的重量比约为30%、尾数比为40%，形势同样不容乐观（图2–56、图2–57）。

图2–56　惠州西湖及其部分渔获物（余梵冬　供图）

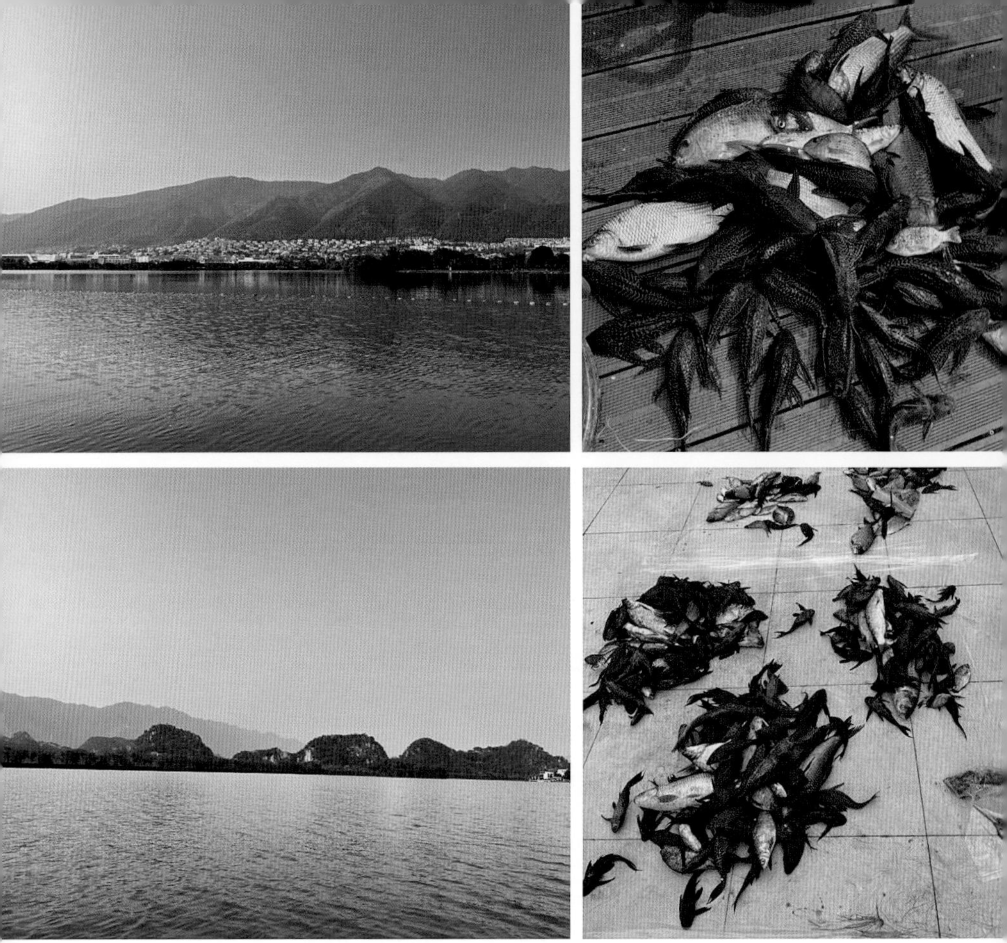

图2-57　肇庆星湖及其部分渔获物（余梵冬　供图）

中国水产科学研究院珠江水产研究所　余梵冬

长江口

长江口近年来最为典型的外来物种入侵案例即互花米草对潮滩湿地的入侵（图2-58）。自1995年首次在崇明东滩北部发现呈小斑块状零星分布的互花米草之后，其分布面积迅速扩大，直至2013年达到顶峰，分布面积高达1 700公顷以上。互花米草具有耐盐、耐淹、繁殖力强等特点，因此迅速侵占了长江口高盐低潮区的光滩生境和取代了本土优势物种海三棱藨草，严重破坏了潮滩栖息环境和食物链，如导致以海三棱藨草为食的小天鹅数量锐减。2013年以来，上海市持续实施互花米草生态控制工作，按照“围、割、淹、晒、种、调”的技术方针，有效控制了其生长和扩张，灭除率达到95%以上。总体上看，目前互花米草已无大面积分布，主要呈小斑块状散布在长江口北部潮滩的局部区域，但由于其种子和无性繁殖体可随水漂流并迅速萌发，因此，治理仍远未结束。

图2-58　长江口潮滩的互花米草与芦苇群落（低者为互花米草，高者为芦苇）（庄平　摄）

另外，近年外来鲟鱼频繁在长江口水域出现，主要包括杂交鲟（图2–59）、施氏鲟、西伯利亚鲟、匙吻鲟等，这些鲟鱼是长江流域重要的养殖对象，长江口水域分布的个体主要来源于养殖逃逸，虽然目前规模较小，仅为零星分布，尚未形成入侵，但其可能会对原本分布在长江口水域的国家一级重点保护水生野生动物中华鲟造成生态竞争和疾病威胁，因此，也需引起管理部门和社会公众的重视。

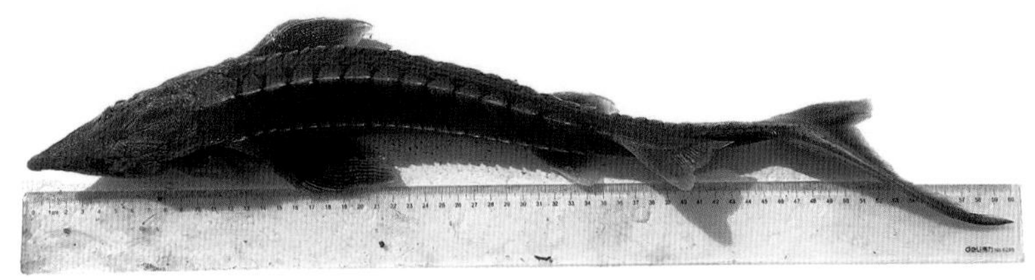

图2–59　长江口水域发现的杂交鲟（杨刚　摄）

中国水产科学研究院东海水产研究所　杨刚

03 典型外来水生生物及其危害

3.1 淡水鱼类

外来鱼类是外来水生生物引种的重要对象，且引种的历史悠久，这一情况导致外来鱼类在淡水生态系统中极为常见。在过去几十年，由于水产养殖、休闲渔业、垂钓运动、自然水域渔业资源增殖等的需要，数以千计的淡水鱼类被人类有意或无意地引入新的环境，其中，罗非鱼、鲤等许多外来鱼类的分布已经扩散到全球范围。在全国大部分国家和地区的淡水水域，外来鱼类都是外来水生生物的最大类群。

随着外来鱼类在全世界自然水域的广泛分布，其入侵危害也逐渐得到了关注和研究。在养殖水域，进入养殖水体的捕食性外来鱼类不仅可以通过捕食养殖种从而带来严重的经济损失，还能与养殖种竞争食物资源，增加饵料消耗，降低养殖产量，最终导致养殖收入的下降。在自然水域，外来鱼类产生的影响更为深远，不仅带来了经济上的损失，也带来了生态上的破坏。在经济上，首先外来鱼类通过捕食和竞争导致了渔业资源的衰退，降低了渔业捕捞的收益，例如低价值的外来种罗非鱼等的入侵，不仅降低了渔民的渔业捕捞量，也降低了渔民收入；其次，外来鱼类的入侵也降低了垂钓业和休闲渔业的收益；最后，由于外来鱼类入侵对渔业资源和环境的影响增加了相关的治理费用，也是不小的经济消耗。在对自然水域的生态影响方面，外来鱼类捕食、竞争、携带疾病，可能会导致土著种资源量的降低甚至灭绝、鱼类生物多样性的降低和鱼类区系的改变、水生生态系统结构和功能的改变。在我国，河流、湖泊等中大型水体中最常见的外来鱼类是齐氏罗非鱼，溪流、沼泽等小型水体的典型外来种类是食蚊鱼。

3.1.1　齐氏罗非鱼（重点管理外来入侵物种）

齐氏罗非鱼（*Coptodon zillii*）（图3–1），隶属于鲈形目、丽鱼科、切非鲫（罗非鱼）属，又称红腹罗非鱼、齐氏切非鲫，已在我国华南地区的主要水系形成入侵，是目前我国危害最大的罗非

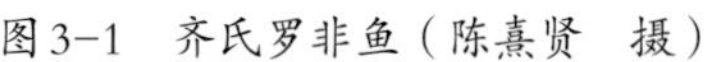

图3–1　齐氏罗非鱼（陈熹贤　摄）

鱼种类，也是扩散范围最广、扩散速度最快、存量规模最大的种类，2022年被列入《重点管理外来入侵物种名录》。

齐氏罗非鱼原产于非洲和中东，我国于1978由广东食品公司从泰国引进，由于个体较小、生长速度慢等原因，引种后很快就被养殖所淘汰，并不是常见的养殖种类。然而，由于更耐低温、产卵量更大（非口孵）等特点，齐氏罗非鱼在自然水域能够迅速扩散，已经入侵南方的河流、湖泊、沟渠等各种水体，目前已扩散到浙江、湖北、四川等地。在南方部分水域已成为优势种甚至绝对优势种。

齐氏罗非鱼的扩散和入侵不仅影响了渔业资源的稳定和渔民收入，也对生物多样性以及水生生态系统的结构和功能构成了严重威胁。齐氏罗非鱼不仅可以通过捕食、竞争影响其他水生动物的生存，其大量取食水草的习性，更是对水生植物和水生生态系统的稳定构成了致命威胁，例如，齐氏罗非鱼对水草的破坏，导致了部分水草型湖泊生态系统的崩溃和水质的恶化。相比其他罗非鱼，齐氏罗非鱼是目前外来物种防控和治理的最重要对象。

中国水产科学研究院珠江水产研究所　顾党恩
农业农村部生态与资源保护总站　黄宏坤、贾涛、陈宝雄、张驰
西南财经大学　王宇晨

3.1.2　食蚊鱼

食蚊鱼（图3-2）原产于北美洲，曾被认为能高效捕食蚊类幼虫，因而被用于防治疟疾而引种到全球各地，最终在全球热带和温带区域大范围扩散，如今已成为全球最具威胁的100种入侵生物

图3-2　食蚊鱼

之一。在我国，尽管人们对于食蚊鱼的防蚊效果一直存在不小的争议，但是在食蚊鱼的生态危害方面却少有分歧。目前，食蚊鱼已成为我国分布最广泛的外来入侵物种之一，对本土无脊椎动物、鱼类、两栖类的生存均构成了严重威胁。

食蚊鱼体长形，略侧扁，体型小，一般体长1 ~ 5厘米，极少数能达到6厘米。雌鱼腹缘圆凸；雄性个体在繁殖季节可特化形成交配器，并将精子输送到雌性个体内。食蚊鱼的体型与本土种青鳉相似，区别主要在于尾柄长和臀鳍：食蚊鱼尾柄长大于头长，臀鳍分枝鳍条一般不多于7根；青鳉尾柄长小于头长，臀鳍分枝鳍条16 ~ 25根。

食蚊鱼繁殖力强，幼鱼1 ~ 2个月即可达到性成熟，繁殖期可达半年以上，水温越高，繁殖期越长。食蚊鱼对水温、盐度、溶解氧等环境因子的适应范围广。目前，食蚊鱼已广泛分布于我国整个南方地区的沟渠、溪流、池塘和浅水湖泊中，在广东部分地区的溪流中甚至已成为绝对优势种。

食蚊鱼杂食性，食性广，个头不大却破坏力惊人，其入侵和扩散造成的生态威胁主要包括：①加剧食物竞争，造成虾蟹等大型无脊椎动物及土著鱼类数量减少；②直接捕食土著鱼类的鱼卵或鱼苗，导致其他物种濒危甚至灭绝；③捕食蝌蚪，对两栖类的数量产生影响；④大量捕食浮游动物，使浮游植物大量增生，导致水质恶化；⑤对土著物种的捕食和竞争作用，影响食物链和食物网。在食蚊鱼强烈的竞争压力下，部分入侵水域的青鳉、麦穗鱼等本土鱼类甚至已被逼到灭绝或濒临灭绝的境地。

外来鱼类的防控一直是个世界性难题，食蚊鱼虽然个头不大，个体的影响也有限，但“千里之堤，溃于蚁穴”，其强大的种群繁殖力和群体破坏力使得探索对其有效的防控措施仍然任重道远。

中国水产科学研究院珠江水产研究所　顾党恩
农业农村部生态与资源保护总站　黄宏坤、贾涛
西南财经大学　王宇晨

海洋鱼类

我国是海洋大国，拥有300万千米^{2}的蓝色国土，海洋为我国经济建设和社会发展提供了大量宝贵的资源。其中，作为海洋生物资源的重要组成部分，海洋鱼类已成为现代健康生活不可或缺的优质蛋白质来源。为了满足不断扩大的市场需求，我国的渔业科技工作者积极开发优质水产种质资源，不但从我国海域寻找适合规模化养殖的海洋鱼类，还积极从国外引进优质鱼种进行人工繁育和养殖推广。这大大丰富了我们的餐桌，提高了人民的生活水平，但对于这些外来种，在引进和养殖过程中常以经济价值作

为主要衡量指标，往往忽视了对其生态风险的评估及生态危害的预防。如在生产过程中，存在个体逃逸并野化，甚至建立自然种群的现象。适应了新的环境并“定居”下来的外来种可挤占本土鱼类的生存空间，将外来病原体带入本土自然水域，并有演变成入侵种的风险。由于海洋具有流动性及连通性的特点，若在海洋环境中存在外来入侵物种，则难以进行检测和防治，并极易造成入侵物种扩散。

3.2.1 眼斑拟石首鱼

眼斑拟石首鱼（*Sciaenops ocellatus*）（图3–3），俗名美国红鱼、红鼓。原产于美国东海岸及墨西哥湾沿岸，为广温、广盐、溯河性鱼类。其适应能力强，在10 ~ 30℃下均可生长，且生长速度较快；对盐度适应范围广，在海水、半咸水、淡水中均可正常生长发育；此外，眼斑拟石首鱼耐低氧，具备较强的抗病能力。由于上述诸多优点，我国自20世纪80—90年代便开始尝试进行引进养殖。1987年我国台湾水产实验所由美国引进眼斑拟石首鱼受精卵，1989年繁殖成功。我国大陆于1991年由国家海洋局第一海洋研究所再次从美国引进原种，1995年繁殖成功后在全国沿海

图3–3 眼斑拟石首鱼

各省推广，养殖规模不断发展壮大。根据《2023中国渔业统计年鉴》，2022年全国眼斑拟石首鱼养殖产量为62 844吨，是全国海水养殖鱼类中产量排在第七位的种类。

随着眼斑拟石首鱼产业规模的扩大，时有因管理不当及自然灾害（如台风导致网箱损坏）造成的养殖逃逸事件。此外，一些宗教团体及社会民众，存在购买眼斑拟石首鱼苗种或成鱼放生至自然海区的行为。由于其极强的适应能力，养殖逃逸和放生的眼斑拟石首鱼极可能已经形成了野生种群。近年在沿海各省的海上垂钓活动中，均有发现眼斑拟石首鱼的踪迹，其中不乏已达性成熟年龄或体长较大的个体，如薛利建等在2008年对浙江海域逃逸的眼斑拟石首鱼进行初步分析时发现，逃逸个体最大已达7龄。目前，对于外来种眼斑拟石首鱼的危害尚缺乏系统性研究，未来亟须加强对该种的入侵现状的了解，开展其对本地生态系统影响等方面的研究。

厦门大学　吴昊昊

广东宇南检测技术有限公司　郑斯迪

香港科技大学　石功鹏阳

中国水产科学研究院黄海水产研究所　李昂

3.2.2　多纹钱蝶鱼

多纹钱蝶鱼（*Selenotoca multifasciata*）（图3–4），又称银鼓鱼，为金钱鱼科暖水性中小型鱼类，原产于泰国、印度尼西亚等东南亚地区沿海、河口和红树林区，主要摄食附着藻类和底栖、浮游生物。因其肉味鲜美、体态美观、生长迅速、抗逆性强，

图3-4　海南市场上出售的养殖多纹钱蝶鱼（李昂　供图）

20世纪90年代作为优质水产品及观赏鱼引入我国，随后在我国东南沿海地区形成规模化养殖，因管理方式粗放、防护意识不强，大量多纹钱蝶鱼通过逃逸和随意放生等途径进入我国自然海域，随后迅速适应环境，形成自然种群。由于多纹钱蝶鱼对水质、水温和盐度均有很强的适应能力，且繁殖力强，能够迅速抢占资源，在与本土鱼类的竞争中处于优势地位。目前虽暂未有公开报道或研究指出其具体入侵情况和危害，但仍需保持高度警惕。

厦门大学　吴昊昊

广东宇南检测技术有限公司　郑斯迪

香港科技大学　石功鹏阳

中国水产科学研究院黄海水产研究所　李昂

3.2.3　大菱鲆

大菱鲆（*Scophthalmus maximus*）（图3-5至图3-7），俗称多

宝鱼，属鲽形目、鲆科，原产于大西洋东侧欧洲沿岸，自北欧南部至北非北部均有分布。大菱鲆作为水产良种，由雷霁霖院士于1992年引入我国。由于其经济价值高、饵料转化率高、适宜工厂化高密度养殖，很快在我国北方沿海掀起养殖浪潮，其养殖规模

图3-5　青岛市场上出售的养殖大菱鲆（李昂　供图）

图3-6　青岛小港码头，待“放生”的大菱鲆幼鱼（李昂　供图）

图3-7　青岛南姜码头，捕捞上岸的野化大菱鲆（李昂　供图）

也迅速上升。在大规模养殖背景下，养殖过程中的逃逸及人为淘汰、不科学放生等现象导致了大菱鲆向自然水域扩散，目前大菱鲆在黄、渤海水域已存在一定数量。大菱鲆作为底栖肉食性鱼类，对野外小型鱼类资源有一定影响；与我国原产鲆鲽鱼类的生态位有一定的重叠，存在食物、生存空间上的竞争。所幸由于大菱鲆对环境温度要求较高，属于冷温性鱼类，因此在自然条件下生存能力较差，未能形成定殖，目前危害评价为低风险水平。然而值得注意的是，在大菱鲆亲鱼和苗种引进过程中，曾因不慎带入虹彩病毒造成了大菱鲆红体病的流行，对我国大菱鲆养殖产业产生了不利影响。养殖大菱鲆向自然水域的扩散无疑会增加外来病原体传播风险，给本地物种和海水鱼养殖业带来新的威胁。

厦门大学　吴昊昊

广东宇南检测技术有限公司　郑斯迪

香港科技大学　石功鹏阳

中国水产科学研究院黄海水产研究所　李昂

甲壳类

甲壳类外来物种以克氏原螯虾（*Procambarus clarkii*）最为主要和典型。

克氏原螯虾

克氏原螯虾（图3–8）俗称小龙虾，是节肢动物门、软甲纲、十足目、螯虾科、原螯虾属的物种，原产于北美洲墨西哥湾沿岸平原的淡水水系。1929年克氏原螯虾由日本引入我国南京市附近水体，现已扩散至我国中部和南部大部分地区和新疆的部分区域。

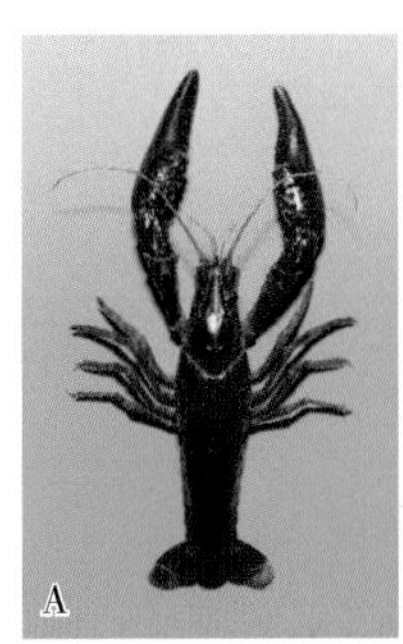
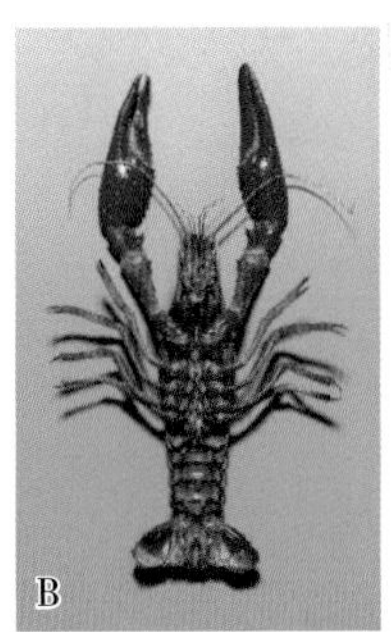

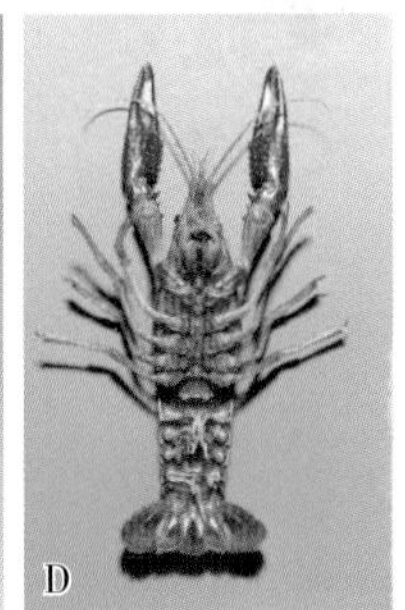

图3–8 克氏原螯虾（徐智威　摄）
A. 雄性背面　B.雄性腹面　C.雌性背面　D.雌性腹面

克氏原螯虾常见成年个体头胸甲长3 ~ 8厘米，身体较为粗壮，为较鲜艳的红棕色。克氏原螯虾喜好栖息在较为温暖的缓流或净水水体，偏爱水草茂盛的栖息地；有掘穴生活的习性，是杂食的机会主义者，以鱼类、水生昆虫、其他甲壳类、动物尸体、水生植物、藻类和碎屑等为食；生长迅速，1龄个体即可性成熟，一次可以产卵数百枚，雌虾会在腹部抱卵，幼虾孵化后经历2次蜕壳，直到第3次蜕壳后可以自由生活时才离开母体。

出于食用目的，克氏原螯虾被大量养殖，2022年我国产量为289万吨，超过其他养殖虾类的产量总和，有较大的潜在扩散风险。克氏原螯虾具有很强的适应能力，能够破坏引入地的水生生境，通过竞争、捕食和作为疾病中间宿主等作用影响土著种的生存，造成当地生物多样性下降，在云南和贵州等地风险较大。在养殖的过程中要加强防范，避免养殖逃逸。

中国科学院南海海洋研究所　黄皓晨
中国海洋大学　张弛

3.4 两栖爬行类

3.4.1 美洲牛蛙（重点管理外来入侵物种）

美洲牛蛙（*Rana catesbeiana*）（图3–9），属两栖纲、无尾目、蛙科、蛙属。

（1）原产地及我国野外分布情况　美洲牛蛙又名北美牛蛙，简称牛蛙，原产于北美洲和墨西哥等地，因个大肉好而被广泛引种养殖，目前已遍及世界各大洲，是极其危险的外来入侵物种，已被世界自然保护联盟列入“世界100种恶性外来入侵物种”，也是我国公布的首批16种最具威胁入侵种内唯一一种陆生脊椎动物。目前，美洲牛蛙已在50多个国家建立了野外繁殖种群，是入侵范围最广的外来两栖动物。

我国北京以南大部分省（自治区、直辖市）均有养殖，在四

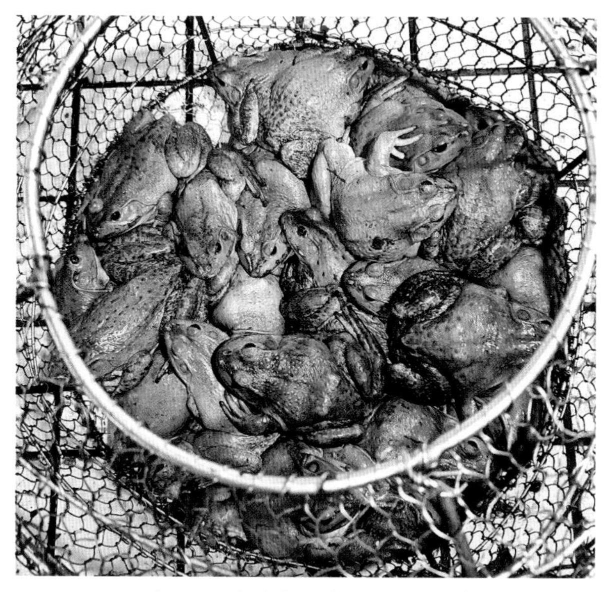

图3-9　美洲牛蛙（刘宣　供图）

川、云南和浙江东部等多地均有大量自然种群报道。

（2）潜在危害　美洲牛蛙能通过捕食（图3-10）、竞争和疾病传播等多种方式危害本地物种，尤其携带的壶菌是全球两栖动

图3-10　美洲牛蛙捕食小龙虾（刘宣　供图）

物灭绝的“罪魁祸首”。它的入侵已导致全球（包括我国）40多种当地脊椎动物如两栖动物、鸟类、小哺乳动物、爬行动物种群的快速下降和绝灭，对入侵区的生物多样性造成重大威胁。美洲牛蛙于20世纪50年代末引进我国，已在我国广泛水体入侵成功，并导致云南、浙江、海南等很多地区的当地两栖动物种群生物量急剧下降。

（3）识别特征及生物学特性　美洲牛蛙头宽而扁，略呈三角形，前肢短后肢较长，肌肉发达，弹跳有力。体大粗壮，吻端钝圆，雌性的鼓膜约与眼等大，雄性的则明显大于眼。雄蛙咽部有1对内声囊，雌蛙无。该蛙因雄蛙鸣叫声如牛而得名。皮肤通常光滑，背部有橄榄绿颜色，变化从绿色至棕色均有，体色因环境不同变化很大。通常杂有棕色斑点，具有深浅不一的虎斑状条纹。无背侧褶。腹面白色，有时有灰色斑。属大型蛙类，雌蛙体长达20厘米，雄蛙18厘米，最大个体可达2千克以上。

美洲牛蛙生活于淡水水域的静水、浅水近岸区域，喜欢在植被较繁茂的区域活动觅食。

肉食性，捕食昆虫、其他两栖动物等各种小型动物。

一年性成熟，成熟的雌蛙腹部膨大，柔软而有弹性；雄蛙咽喉部皮肤金黄色，前肢粗壮，婚姻瘤明显。繁殖季节在4—7月，繁殖水温18 ~ 29℃。一年产卵一次，产卵量1万 ~ 5万粒。体外受精，水中孵化。水温25℃时孵化期为5天左右。从蝌蚪出膜至变态幼蛙，时程为85天。

中国科学院动物研究所　刘宣、崔瑞娜、顾世民、闫卓

3.4.2 温室蟾

温室蟾（*Eleutherodactylus planirostris*）（图3–11），属两栖纲、无尾目、卵齿蟾科、卵齿蟾属。

图3–11 温室蟾（刘宣 图）

（1）原产地及我国野外分布情况 温室蟾原产于加勒比海地区部分岛屿，现已入侵至美国东南部、部分太平洋岛屿以及中国香港、深圳等地。2017年7月在广东省深圳市福田区香蜜公园首次发现温室蟾，香港已发现温室蟾的栖息地类型包括次生林、灌木林、农用地、鱼塘周边、城市公园、农村等多种生境。我国珠三角地区整体气候适合温室蟾生存繁衍，生境类型同香港多有相似，且园林、园艺产业发达，苗圃密布，苗木贸易发达，温室蟾的入侵风险很高。

（2）危害 温室蟾扩散能力强，主要传播途径很可能为苗木运输，被认为是最成功的两栖类入侵种之一，在多区域造成直接或间接的负面影响。温室蟾入侵夏威夷后快速扩张，目前分布密度高达12 500只/公顷，每一夜可消耗无脊椎动物129 000只/公顷，通过食物竞争等方式可能对本土同域两栖类造成负面影响。

（3）识别特征及生物学特性 体型细小，只有1.5 ~ 2.0厘米，背部中间有一条肤棱；全身布满很多疣粒，尤其背部；双眼中间有一黑斑，沿着耳鼓伸延至肩膊。繁殖形式独特，分散式产卵在不同区域，如土壤或湿叶子上，平均窝卵数可能为16或10.2枚，胚胎发育和个体发育受水环境影响较小，蝌蚪阶段在卵胶膜中直接发育成幼蛙，生长速度快且生存率比其他蛙/蟾更高。主要取食无脊椎动物。

中国科学院动物研究所　刘宣、崔瑞娜、顾世民、闫卓

3.4.3 红耳彩龟（重点管理外来入侵物种）

红耳彩龟（*Trachemys scripta elegans*）（图3–12、图3–13），属爬行纲、龟鳖目、泽龟科、龟属。

（1）原产地及我国野外分布情况　红耳彩龟又称巴西龟、巴

图3–13　红耳彩龟成体（刘宣　供图）

图3–12　红耳彩龟幼体（刘宣　供图）

西彩龟、麻将龟等。原产于美国中南部至墨西哥北部，作为观赏动物被广泛引种，目前已入侵世界各大洲，被世界自然保护联盟列为“世界100种恶性外来入侵物种”，同时也被列入《重点管理外来入侵物种名录》。

常见于河流、湖泊、湿地等水体，在我国绝大部分省份均有分布，且以南方地区最为常见，其中，寺庙放生池最为密集，主要由人为放生传播。

（2）危害　具有较高的生长和繁殖能力，且食性杂、食量大，挤占其他物种的生存资源，从而影响其他物种生存。

为某些细菌和寄生虫的中间宿主，可以携带和传播沙门氏杆菌和寄生虫等病原，对本土龟鳖和人类产生危害。

（3）识别特征及生物学特性　红耳彩龟头颈处具有黄绿相镶的纵条纹，眼后有一对红色条纹，因此得名红耳彩龟。背甲扁平，椭圆形，翠绿色，背部中央有条显著的脊棱，背甲的边缘呈不显著的锯齿状。盾片上具有黄、绿相间的环状条纹，缘盾外边缘为金黄色。腹板淡黄色，具有左右对称的不规则黑色圆形、椭圆形和棒形色斑。四肢淡绿色，有灰褐色纵条纹，指、趾间具蹼。尾短。成体壳长15 ~ 25厘米。

为半水栖龟类，大部分时间在水中生活，杂食性，以肉食为主，最适温度为20 ~ 32℃，11℃以下冬眠，6℃以下为深度冬眠，冬眠温度不能低于1℃。雌性6龄、体重达500克以上、背甲16 厘米，雄性6龄、体重达400克以上、背甲14 厘米以上达到性成熟。5—9月为繁殖期，在水中交配，产卵于沙地中。一年产卵3 ~ 4次，年产卵量30 ~ 70枚。

中国科学院动物研究所　刘宣、崔瑞娜、顾世民、闫卓

3.4.4 大鳄龟（重点管理外来入侵物种）

大鳄龟（*Macroclemys temminckii*）（图3–14、图3–15）又称真鳄龟，隶属于爬行纲、龟鳖目、鳄龟科、大鳄龟属，原产于美洲。其体型巨大，体重可达70千克以上，平均寿命为40年。

图3–14 大鳄龟（沈禹羲、顾党恩 供图）

图3–15 大鳄龟（陈熹贤、顾党恩 供图）

大鳄龟头部硕大，上下颌角质鞘异常锋利，吻端呈明显的钩状弯曲，似鹰嘴。口腔壁布满色素细胞，舌上有一个淡红色分叉的蠕虫状肉突。13片背甲盾片呈山峰状突起。腹甲小，灰白或黄色，十字形。四肢粗壮有力，头与四肢不能缩入壳内。

大鳄龟是水栖龟类，一般少动，喜伏于水中的泥沙、灌木、杂草中，以鱼类、水鸟、螺、虾及水蛇等为食。生性凶猛，具有较强的攻击性，不仅能通过竞争性替代影响本土龟类的生存，也通过捕食作用严重威胁本土水生生物的生存，是有名的“淡水生态杀手”。由于人为放生等行为，大鳄龟和它的近亲在自然水域正越来越常见，亟须开展重点管理，主要包括对引种和贸易的限制和管控。

中国水产科学研究院珠江水产研究所　顾党恩
南京市红山森林动物园　沈禹羲
澳门科技大学　陈熹贤

软体动物类、棘皮动物类

我国的软体动物类的典型外来入侵生物种类主要集中在瓣鳃纲的双壳贝类，如斑纹小贻贝、萨氏仿贻贝、黑荞麦蛤、紫贻贝（地中海贻贝）、海湾扇贝、虾夷盘扇贝、薪蛤（硬壳蛤）等。近海的生态系统中，仅有红树林生态系统的半红树林区有外来物种福寿螺和褐云玛瑙螺的存在，但已是盐度较低的区域。

国内关于外来棘皮动物的入侵报道较少，主要是中间球海胆（虾夷马粪海胆），但原产的多棘海盘车在其他地区也造成了相关生物入侵问题。

3.5.1 福寿螺（重点管理外来入侵物种）

福寿螺（*Pomacea canaliculate*）为中腹足目、腹足纲、瓶螺科、瓶螺属两栖淡水软体动物。原产于南美洲亚马孙河流域，1981年作为一种食用经济动物被引入我国广东省中山市。2000年，世界自然保护联盟外来入侵物种专家委员会将福寿螺列为“世界100种恶性外来入侵物种”之一。2003年，国家环境保护总局将其列入《中国第一批外来入侵物种名单》，为首批入侵中国的16种外来物种之一。2022年农业农村部等六部门将其列入《重点管理外来入侵物种名录》，作为七个被纳入该名录的水生外来物种之一进行重点管理。

（1）主要识别特征　螺壳特征（图3–16）：①外观与田螺相似，但螺旋部较平而短促，螺层较大，成螺可达7个螺层；②外壳颜色随环境及螺龄不同而异，有棕色、黄褐色、黑色、黑绿色等，有光泽和若干条深色细纵纹；③爬行时头部和腹足伸出，头部具触角2对，前触角较短，后触角长，伸展后可超过螺体的长度；④螺体左边有一条肺吸管，起辅助呼吸的作用。

卵块特征（图3–17）：①福寿螺卵多于夜间产在水面以上干燥物体或植株的表面，如茎秆、沟壁、墙壁、田埂、杂草等上；②卵粒呈圆球形，初生时为鲜红色，直径2.0 ~ 3.0毫米，由产卵母螺分泌的透明胶质黏液黏附在一起，形成一个长条形或椭圆形、有多层垒叠的卵块；1 ~ 2天后透明胶质黏液干燥固化成为白色物质，卵块变成粉红色，卵壳变得硬且脆；5 ~ 7天后当螺卵变暗红或灰白色时，显示螺卵即将孵化。

图3-16 福寿螺特征（房苗、徐猛 摄）

（2）主要危害 福寿螺的主要危害包括：①对水稻等作物造成严重经济危害。我国南方主要省份每年都有许多水稻遭受福寿螺不同程度的危害，除水稻外，福寿螺对作物和蔬菜也有较大危害。②竞争和取食破坏水生生物多样性。福寿螺与本地螺类产生竞争，导致本地种减少或消失；福寿螺食性杂，可取食大型水生植物、浮游藻类、附着性浮游生物、无机及有机碎屑等，干扰或改变水生生物群落的组成和结构，影响生态系统功能。③福寿螺

图3-17　福寿螺卵块特征（房苗、徐猛　摄）

排泄物影响水体环境。福寿螺食量和排泄量都很大，其大量的排泄物会导致水体氨氮、硝态氮和溶解性磷酸盐含量上升，溶解氧含量和氧化还原电位下降，改变水体理化性质和水体微生物含量，影响生态系统功能。④对公民健康的影响。福寿螺是引起人类嗜酸性脑膜炎的广州管圆线虫的中间宿主，在我国浙江温州和北京等地已有因食用福寿螺引起的嗜酸性脑膜炎群体发病事件。

中国水产科学研究院珠江水产研究所　徐猛、房苗

3.5.2　斑纹小贻贝

斑纹小贻贝（*Mytella strigata*），隶属于贻贝目、贻贝科、小贻贝属，别名美洲贻贝、黑贻贝、热带贻贝。原产于南美洲大西洋沿岸的委内瑞拉帕里亚湾到阿根廷。之后随着国际航运贸易，通过压载水及船体附着的方式传播，如今已经扩散到美国加利福尼亚湾、墨西哥索诺拉州瓜伊马斯北部、秘鲁通贝斯－坎加斯、加拉帕戈斯群岛以及厄瓜多尔等大西洋西部和太平洋东部沿岸海区，以及印度洋－西太平洋海区的菲律宾、新加坡、泰国、印度及我国的南部沿海。

目前因其强大的适应能力和群居生活的特性，该种已造成吊笼养殖的相关海产减产（图3-18）；严重挤兑相同生态位的本土物种的生存空间；在滩涂潮间带和潮下带形成礁床，影响底层的

图3-18　被斑纹小贻贝密封的养殖吊笼（马培振　摄）

氧气交换导致底内生物缺氧死亡，表层生物难以掘开坚实的礁床，甚至影响了圆尾鲎的产卵。

王举昊

3.5.3 多棘海盘车

多棘海盘车（图3-19）隶属棘皮动物门、海星纲、钳棘目、海盘车科、海盘车属。为我国黄渤海习见种。广泛分布于北太平洋沿岸，中国、朝鲜、俄罗斯、日本以及加拿大北部海域均有大量分布。

图3-19 多棘海盘车（曾晓起 摄）

海星会出现周期性暴发的情况，日本有明海域、九州海域30 ~ 60米水深、碎石和沙质底均有多棘海盘车周期性（10年）暴发的情况发生。

多棘海盘车自20世纪80年代由于船舶运输、幼体随海流运动等被带到澳大利亚，成为塔斯马尼亚州沿海的外来种，并发生大规模的暴发，给当地渔业、底栖生态系统都造成了严重的破坏。分子地理学研究表明，塔斯马尼亚州的群体基因结构与日本地区相近。

王举昊

水生植物类

3.6.1 凤眼莲（重点管理外来入侵物种）

凤眼莲（水葫芦）[*Eichhornia crassipes*(Mart.)Solms]（图3-20），隶属于鸭跖草目、雨久花科、凤眼莲属。原产于南美洲，起源中心为亚马孙河、巴西。在我国河南、安徽、江苏、上海、江西、湖北、湖南、浙江、四川、重庆、福建、台湾、贵州、广西、云南、广东、海南有自然分布，其中分布广泛、危害严重的有浙江、福建、台湾、云南、广东、海南。

凤眼莲的主要危害包括：①堵塞河道、影响航运、阻碍排灌、降低水产品产量，给农业、旅游业、发电等带来了极大的经济损失；②与本地水生植物竞争光、水分、营养和生长空间，破坏本地水生生态系统，威胁本地生物多样性，同时凤眼莲植株会大量吸附重金属等有毒物质，死亡后沉入水底，构成对水体的二次污染；③凤眼莲大面积覆盖水面，影响周围居民和牲畜生活用水，滋生蚊蝇，对人们的健康构成了威胁。

鉴别特征：水上部分高30 ~ 50厘米，或更高。茎具长匍匐

图3-20 凤眼莲植株（宋振 供图）

枝。叶基生呈莲座状，宽卵形、宽倒卵形至肾状圆形，光亮，具弧形脉；叶柄中部多少膨大，内有多数气室。花紫色，上方一片较大，中部具黄斑。蒴果卵形。

中国农业科学院农业环境与可持续发展研究所 宋振、张国良

3.6.2 空心莲子草（重点管理外来入侵物种）

空心莲子草[*Alternanthera philoxeroides*（Mart.）Griseb.]（图3-21），隶属于石竹目、苋科、莲子草属。原产于南美洲的巴西、乌拉圭、阿根廷等国。在我国分布于云南、四川、贵州、广东、广西、福建、江西、江苏、上海、湖南、湖北、安徽等23个省份。

图3-21　空心莲子草（宋振　供图）

主要危害包括：阻塞航道，影响水上交通；排挤其他植物，使群落物种单一化；覆盖水面，影响鱼类生长和捕捞；危害农田作物，使产量受损；在田间沟渠大量繁殖，影响农田排灌；入侵湿地、草坪，破坏景观；滋生蚊虫，危害人类健康。

鉴别特征：茎基部匍匐、上部伸展，中空，有分枝，节腋处疏生细柔毛。叶对生，长圆状倒卵形或倒卵状披针形，先端圆钝，有芒尖，基部渐狭，表面有贴生毛，边缘有睫毛。头状花序单生于叶腋，总花梗长1～6厘米；苞片和小苞片干膜质，宿存；花被片5，白色，不等大；雄蕊5，基部合生成杯状，退化雄蕊顶端分裂成3～4窄条；子房倒卵形，柱头头状。

中国农业科学院农业环境与可持续发展研究所　宋振、张国良

3.7 观赏鱼类

我国市场上可见的淡水观赏鱼有500种左右，海水观赏鱼150种左右，其中90%以上是外来物种。热带观赏鱼中的95%以上的物种原分布地在国外，主要是南美洲、中美洲、东南亚、非洲。

在部分地区的开放水体中，已发现有多种外来观赏鱼，包括孔雀鱼、鹦鹉鱼、鳄雀鳝、眼斑雀鳝、地图鱼、蓝斑丽体鱼、豹纹翼甲鲇（清道夫）、马那瓜丽体鱼、双须骨舌鱼（银龙鱼）、布氏罗非鱼、红腹食人鲳等。以下列举3种危害和影响都较大的物种。

3.7.1 鳄雀鳝（重点管理外来入侵物种）

鳄雀鳝（*Atractosteus spatula*）（图3–22），属雀鳝目、雀鳝科、雀鳝属。起源于北美，目前已在全世界多个国家分布，是一种高危险性入侵物种。常见成年个体体长1 ~ 1.8米，最大个体3米。吻长，口尖似鳄鱼，密布锋利的牙齿；身体被菱形的硬鳞覆

图3–22 鳄雀鳝（汪学杰 摄）

盖；尾鳍为圆尾型；鳔可呼吸空气。主要生活于江河、湖泊和水库等大型淡水水体，偶入咸淡水。

鳄雀鳝为肉食性鱼类，食谱较广，包括鱼类、两栖动物、节肢动物、昆虫等各种可捕获的动物，食物缺乏时也取食非动物性食物。该鱼个体大、移动速度快、活动范围大、捕食能力很强，通过捕食作用，可造成本地物种的濒危或灭绝，进而导致生物多样性的丧失和生态系统的失衡，是一种危险性很高的外来鱼类。

中国水产科学研究院珠江水产研究所　汪学杰

3.7.2　豹纹翼甲鲇（重点管理外来入侵物种）

豹纹翼甲鲇（*Pterygoplichthys pardalis*）（图3–23），属鲇形目、甲鲇科、翼甲鲇属，又称清道夫、飞机鱼、垃圾鱼。起源于南美洲，目前在亚洲的多个国家均有分布。

豹纹翼甲鲇身体呈半圆筒形，头部和腹部扁平，吻圆钝，口下位，有发达的吸盘须1对。胸鳍棘和腹鳍棘发达，能在陆地上支

图3–23　豹纹翼甲鲇（汪学杰　摄）

撑身体，背鳍宽大，尾鳍呈浅叉形，具软鳍条14根，背鳍和尾鳍之间具1脂鳍。体呈暗褐色，全身分布黑色细条纹，各鳍布满黑色斑点，表面有粗糙盾鳞。该鱼底栖，夜行性，杂食性，偏向于取食不移动的物体，包括水底碎屑、附生藻类、植物根茎、浮游生物、底栖动物、动物尸体等，能吞食鱼卵。

体表的坚硬盾鳞为该鱼提供了强大的防护能力，在我国淡水水域中没有任何一种水生动物可取食该鱼，另外，该鱼食谱广，食物资源丰富，耐缺氧，能短时间脱离水体在陆地爬行，当其在狭小封闭水体感觉到较强的环境胁迫时，可主动迁移，因此该鱼在我国南方水域很容易形成入侵。

该鱼体表粗糙的盾鳞能够破坏网具，且自身无经济价值，影响渔业捕捞生产；吞食产黏性卵的土著鱼类的受精卵，影响鱼类种群延续，导致水域生物多样性下降；破坏水生植物根系和小型水生动物的栖息地，改变当地水生生物食物链，影响水域生态系统养分循环；挖掘洞穴，破坏地貌，威胁堤坝安全。

该鱼在广东、广西部分地区已形成严重的危害，在一些河段可占渔获物的30%以上，个别水库，已占鱼类生物总量的50%以上。

目前豹纹翼甲鲇在广东、海南、福建、广西、浙江、江西等多个省份有分布。

中国水产科学研究院珠江水产研究所　汪学杰

3.7.3　青斑德州丽鱼

青斑德州丽鱼（*Herichthys cyanoguttatus* Baird et Girard，1854）（图3-24），属鲈形目、慈鲷科、德州丽鱼属。原分布于北美洲，

图3-24　青斑德州丽鱼（李闵政　供图）

作为观赏鱼被引入我国，商品名一般为德州豹，也称得克萨斯鱼、蓝点丽鱼、金钱豹等。

青斑德州丽鱼头大，背鳍基长，臀鳍基短，背鳍、臀鳍末端均后延达尾鳍，尾柄短，尾鳍截形，体色多为深灰色，具大量青色斑点。原分布于北美洲的美国得克萨斯州以及墨西哥北部淡水流域，在静水河流、湖泊和急流均有分布。杂食性，以蠕虫、甲壳类、植物等为食。成体一般15 ~ 20厘米，最大体长30厘米，适宜水温为22 ~ 26℃，但在15 ~ 32℃的水体中都能存活。12个月就可性成熟，每次可产卵200 ~ 500枚，亲鱼一般会将卵附着于石头上，鱼卵2天就可孵化为稚鱼。

青斑德州丽鱼食性非常广，偏向肉食，由于成体体型较大，进食量较大，会抢夺原生鱼类的食物并捕食体型较小的原生鱼类或其余原生鱼类稚鱼。同时其性情凶猛、较为强壮且具有强烈的领地意识，会攻击驱赶原生水生物种。此外，青斑德州丽鱼雄鱼具有护巢习性，而我国水域中极少存在其天敌，因此青斑德州丽鱼产卵量虽然不大，但其稚鱼成活率极高，且该物种仅需1年便能达到性成熟，因此种群增长相当迅速，能在短时间内大量繁殖并占领水体。

澳门城市大学　韦舒健

04 外来水生生物的来源

引入是外来物种入侵的第一步，也是一个土著种转变成外来物种的过程，大部分外来水生生物的这一过程是通过人类活动来实现的。其中，由于人类有意的活动而引入外来物种的行为称有意引入，包括养殖引种、观赏渔业引种、垂钓引种、生物控制引种等多个方面。由于人类无意的活动而引入外来物种的行为属于无意引入。无意引入的外来物种分为：①伴随目标种引入的其他物种、寄生虫、病毒或一些共生种，例如由于引入四大家鱼而无意引入云南高原湖泊的子陵栉虾虎鱼等；②随着交通工具传播的外来种，斑马贻贝、沼蛤等多种海洋生物均可以通过压载水传播。

以下重点介绍养殖引种、观赏渔业引种和压载水带入3种典型的外来物种引入途径。

4.1 养殖引种

我国从国外引进用于水产养殖的种类很多，仅鱼类已知来源的就在65种以上，隶属于12目26科，从国外引进的其他种类包括克氏原螯虾、罗氏沼虾、红螯螯虾、太平洋牡蛎、海湾扇贝、巨藻、异枝麒麟菜、日本长叶海带、日本真海带等。这些外来物种中的不少物种都已形成新的养殖产业。但是，也存在很多问题，如同一物种（种类）重复引进的情况较多，而且由于缺少长期、系统、科学的基础数据，使得在外来物种疫病的预测、预报、疫区划分、制订应急计划等方面存在许多困难，一直未进行外来物种的论证与评估。同时，对于引入种在养殖上的管理和防逃逸工作一直没有受到足够的重视。

典型养殖引种：大腹海马［*Hippocampus abdominalis*（Lesson，1827）］（图4-1），又称膨腹海马，为辐鳍鱼纲、棘背鱼目、海龙科、海马属的其中一种，是所有已知海马中最大的一种，分布于西南太平洋区的澳大利亚及新西兰海域。2016年，大腹海马由福建省水产研究所郑乐云教授团队从澳大利亚引进，2020年逐渐推广至北方地区。目前，大腹海马主产区以山东、福建为主，北方地区由于水温条件更适宜，山东、辽宁、河北、天津等地均有推

图4-1　大腹海马（王晓梅　供图）

广养殖。2020年全国苗种总产量约100万尾，2021年约300万尾，2022年达到1 000万尾左右，发展速度较快。现阶段大腹海马主要养殖模式有工厂化流水养殖及循环水养殖。

目前主要防控措施：建议建立引入种水产养殖防逃标准，在苗种繁育池、车间以及养殖场出水口设置三道放逃装置，作为引入种养殖的硬性要求。

中国水产科学研究院　王晓梅

4.2 观赏渔业引种

我国市场可见的淡水观赏鱼有500种左右，海水观赏鱼150种左右，其中90%以上是外来物种（图4-2）。

图4-2　观赏鱼市场随处可见的外来物种（顾党恩　摄）

从20世纪70—80年代开始，我国陆续引进各种观赏鱼，其中主要是淡水热带观赏鱼。目前大多数淡水观赏鱼在我国已能人工繁殖并形成生产规模，满足国内消费需求，但仍有一部分需要进口。近几年，很少有首次进入我国的观赏鱼物种，进口的基本是有长期进口历史的物种。

观赏鱼进入我国的渠道主要是正式通过海关进口、非正式渠道进入、边境贸易进入。目前非正式渠道所占的比例很小。

观赏鱼入关时以“活体动物”为进口商品类别进行检验检疫，与进口活体食用水产品没有差别，程序上是先确定该物种是否为《濒危野生动植物国际贸易公约》（简称CITES，又称华盛顿公约）所列物种，如是，是否有出口国和我国的进出口批文；其次，检查该物种是否为国家禁止进口的外来入侵物种，如是，不予入境，如否，进入检疫流程，检疫的方式是在指定隔离场所进行为期30天的隔离检疫。

目前我国进口观赏鱼的主要来源地是新加坡、泰国、马来西亚、印度尼西亚、美国、日本、菲律宾、斯里兰卡等。

中国水产科学研究院珠江水产研究所　汪学杰

压载水带入

压载水是船舶安全航行的重要保证，它可以使船舶的螺旋桨吃水充分，并维持推进效率，但同时船舶尤其是大型远洋船舶的压载水也是外来海洋生物入侵的重要载体。压载水中可能带有大量的生物和生物的种子、卵、幼体等，这些生物被称为“压载水生物”（图4–3）。当压载水被排放到新的水域时，一些具有强适应性和入侵性的生物幼体可能会在当地引起生态系统的紊乱和生物入侵。

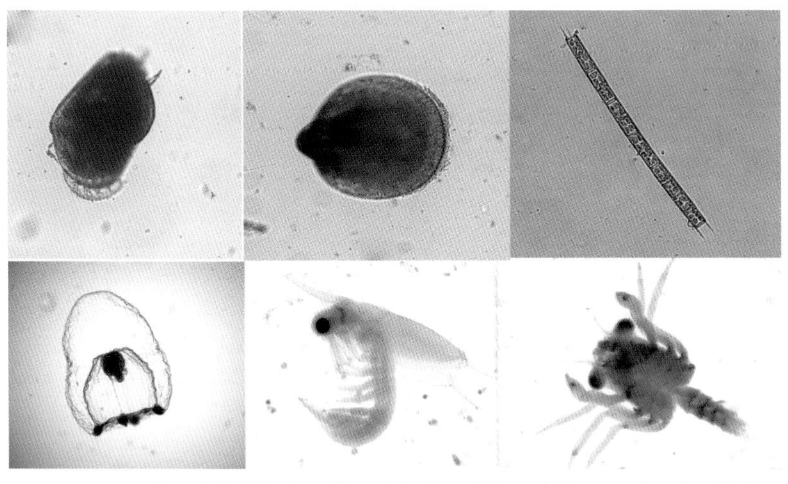

图4–3　一些可能会随船舶压载水传播的微生物及生物幼体（邱宁　摄）

随着国际跨洋贸易的发展，船舶压载水引发的生物入侵危害也日益受到人们的关注。如原产于黑海的斑马贻贝自18世纪开始沿着贸易路线在欧洲蔓延，并于20世纪后半叶传播到美国建立了种群。随后逐步入侵五大湖，掠夺本土物种的食物和氧气并大量繁殖，致使美国约70%的本土贝类面临绝种、濒危、数量下降的局面。此外，美国的栉水母、澳大利亚的有毒双鞭毛虫藻和北太平洋的海星等随压载水传播的入侵生物均对入侵地造成了巨大的经济损失甚至威胁人类健康。在我国，通过船舶压载水入境的外来生物主要是一些会引发赤潮的藻类等微生物，如新月圆柱藻、洞刺角刺藻、方格直链藻等。这些外来赤潮生物可对海域原有生物群落和生态系统的稳定性构成极大的威胁。

为有效防范压载水引发的生物入侵风险，国际海事组织于

2004年通过了《国际船舶压载水和沉积物控制与管理公约》，2019年1月22日该公约对我国正式生效，为履行公约规定的各项义务，我国同步制定并实施了《船舶压载水和沉积物管理监督管理办法（试行）》。目前已形成包括现场指示性分析、实验室详细检测在内的压载水存活生物检测技术，以及包括机械法（沉淀、过滤、分离和浮选等）、物理法（加热和紫外线消毒等）和化学法（氯消毒、过氧化氢消毒等）在内的压载水生物灭活处理技术，有效降低了随压载水引发的生物入侵风险（图4–4）。

图4–4　天津港某船舶压载水检测取样（邱宁　摄）

交通运输部天津水运科学研究院　邱宁

05 外来水生生物的逃离和被释放

引入的外来物种要想完成入侵过程，除了要在引入后能存活下来，还要有机会进入入侵地。不同于一些无意引进的外来物种，大部分有意引入的外来水生生物完成入侵的前提是能够从养殖系统中逃离和被释放。

5.1 放生

外来水生生物如果是养殖在水族缸等可控水域，就不可能会造成生物入侵。人类有意的放生行为（图5-1），是外来水生生物从可控水体进入不可控水体的一个重要途径，也是导致外来水生生物入侵的重要因素。放生原意是把野生动物放归自然，后来衍化成一切因善意而向野外或半野外环境释放活体动物的行为。随着人们生活水平的提高和部分宗教观念的盛行，在部分地区放生已形成不小的规模，成为有组织有计划的行动，更有甚者形成相关产业，极大地促进了外来水生生物向自然水域扩散和蔓延。

图5-1　珠江边的放生行为（顾党恩　供图）

中国水产科学研究院珠江水产研究所　汪学杰、顾党恩

中国科学院海洋研究所　杨彬

5.2 丢弃

丢弃是导致外来水生生物进入自然或半自然水体的另一个重要途径。常见的包括：①养殖观赏动物丢弃，最典型的莫过于鳄雀鳝了，鳄雀鳝生长速度快，体型巨大，随着其快速生长，一般的水族缸往往无法承载，因此，部分鳄雀鳝被就近丢弃或放生到自然、半自然水体，失控的丢弃行为导致鳄雀鳝在全国呈现“多点开花”的状态，且由于养殖主体以城市居民居多，鳄雀鳝常出现在城市内部的湖泊、水库和公园水体；②养殖水产动物丢弃，包括弃养的种类，如被养殖所淘汰的福寿螺，由于“广州管圆线虫”事件，福寿螺遭受了大范围弃养，促进了其在国内的扩散，

其他养殖品种的弃养也包括清塘时随尾水排放的南美白对虾个体等；③捕捞丢弃，最典型的是豹纹翼甲鲇（图5-2），由于其没有经济价值，渔民在捕获后往往直接丢弃到河道中，导致其种群不断增长。

图5-2　渔民捕获的豹纹翼甲鲇（顾党恩　供图）

中国水产科学研究院珠江水产研究所　顾党恩

农业农村部农业生态与资源保护总站　黄宏坤、贾涛、陈宝雄、张驰

5.3 不科学增殖放流

尽管早在2009年农业部就颁布了《水生生物增殖放流管理规定》（农业部第20号令）（图5-3），明确了社会单位和个人开展增殖放流活动的管理要求（第十条　用于增殖放流的亲体、苗种等水生生物应当是本地种。禁止使用外来种、杂交种、转基因种以

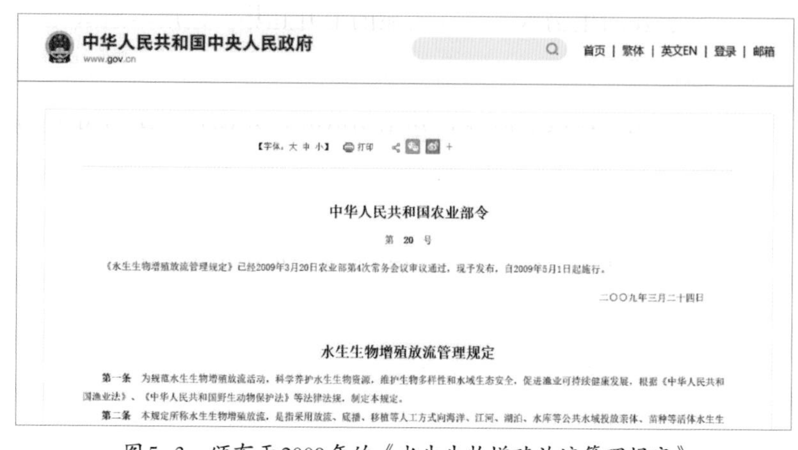
中华人民共和国中央人民政府
www.gov.cn
首页 | 繁体 | 英文EN | 登录 | 邮箱

【字体：大 中 小】 打印

中华人民共和国农业部令

第 20 号

《水生生物增殖放流管理规定》已经2009年3月20日农业部第4次常务会议审议通过，现予发布，自2009年5月1日起施行。

二〇〇九年三月二十四日

水生生物增殖放流管理规定

第一条 为规范水生生物增殖放流活动，科学养护水生生物资源，维护生物多样性和水域生态安全，促进渔业可持续健康发展，根据《中华人民共和国渔业法》、《中华人民共和国野生动物保护法》等法律法规，制定本规定。

第二条 本规定所称水生生物增殖放流，是指采用放流、底播、移植等人工方式向海洋、江河、湖泊、水库等公共水域投放亲体、苗种等活体水生生

图5-3 颁布于2009年的《水生生物增殖放流管理规定》

及其他不符合生态要求的水生生物物种进行增殖放流）。但是由于部分实施者对外来物种的认识不足，放流外来水生生物的行为在不同地方一直存在，也很容易在一些官方媒体的报道上见到。即使到了2022年，还有部分地方管理部门在自然水域投放外来物种罗非鱼的新闻报道。此外，部分水域管理部门为了治理受损水质，往水体中放流豹纹翼甲鲇的事件也并不少见。

中国水产科学研究院珠江水产研究所 顾党恩

 养殖逃逸

养殖逃逸是指养殖过程中由于养殖设施设备破损或人为操作不当导致养殖个体逃离既定养殖水体的现象。养殖逃逸不仅会造成经济损失，而且也会带来外来物种的入侵，从而对水生生态系统产生一系列不利影响。随着养殖规模与引种力度的不断增加，

养殖逃逸引发的生物入侵呈现明显的上升趋势。造成养殖逃逸的原因主要包括五个方面：①气象灾害，如洪涝、风浪；②地质灾害，如泥石流、地震、海啸；③生物破坏，如鼠害、虫害等对网具及防逃设施的破坏；④设施老化，如湖泊围网或养殖拦网老化、破损（图5-4上）；⑤人为过失，如克氏原螯虾、牛蛙养殖塘埂不加设防逃网（图5-4下）。防范养殖逃逸事件应根据这些原因采取针对性措施（表5-1）。

图5-4　老化破损的拦网（上）和无防逃设施的塘埂（下）（罗思　摄）

表5-1　不同原因导致的养殖逃逸事件的防控对策

原因	防控对策
气象灾害、地质灾害	科学规划养殖区域，源头控制风险；加强基础设施建设，增强抗灾能力；改造升级防逃设施，完善配套设施；关注灾害预报信息，提高预警能力；开展陆基工厂养殖，减低灾害风险
生物破坏	加强敌害生物监测，及时清除敌害；掌握敌害行为特征，切断破坏途径；定期检查防逃设施，修缮破损设施
设施老化	定期检查防逃设施，及时更新设施；改进养殖设施设备，延长使用寿命
人为过失	加强生物知识普及，规范养殖过程；明确养殖设备方式，制定养殖标准；实施登记管理制度，追踪个体去向；落实生产责任，追究法律责任
其他	培育多倍体不育品种，避免基因污染

淮阴工学院　罗思

06 典型类群的防控技术

6.1 外来水生植物

外来水生植物防控主要包括物理防控、化学防控、生物防控和综合利用四种方法。

物理防控，主要是指采用人工或机械打捞（图6-1）、在河涌交汇口设置拦截网等方式清除外来水生植物，是应对大面积暴发的外来水生植物的常用方法。

化学防控，主要是指利用除草剂对外来植物进行灭杀。如氟磺胺草醚、乙氧氟草醚、丙炔氟草胺和苯嘧磺草胺对水葫芦均有一定的抑制效果。

生物防控，主要是指利用外来水生植物的天敌对其进行控制。例如，连草直胸跳甲是美国农业部科学家于20世纪60年代初在阿根廷发现的空心莲子草的专食性天敌，我国于1986年从美国佛罗里达引种释放，其已在部分地区水域取得良好的控制效果；水葫芦象甲最早于1996年引进国内，具有较好的专食性，云南省曾引

图6-1　杞麓湖人工打捞凤眼莲（徐猛　供图）

入水葫芦象甲来抑制水葫芦的蔓延。但生防天敌的使用存在一定的争议，主要是因为外来生防天敌在与土著植物的长期协同进化过程中可能会出现寄主转换，造成一定的负面影响。

综合利用，主要是指将外来水生植物资源化。如利用外来水生植物生产沼气和氢气；将外来水生植物与水稻秸秆、畜禽粪便、花生壳及烟草等废弃物混合，选用高温堆制方式生产生物有机肥料。

中国水产科学研究院珠江水产研究所　韦慧

6.2 外来软体动物（福寿螺）

（1）加强检疫控制　福寿螺未发生区需重点关注从福寿螺发生区引入的水生植物、水产饲料等，仔细检查是否附着幼螺和螺卵，及时发现并处置，避免因人为引入导致福寿螺的扩散和暴发。

（2）加强监测预警　福寿螺发生区需密切关注福寿螺蔓延扩散动态，建立健全福寿螺监测预警体系，加强日常监管。对于水稻主产区，加大调查密度和频次，开展定点定人定田监测，全面掌握福寿螺发生面积、密度、螺卵数量等，及时发现上报相关信息，科学发布预警信息，综合展示各种防控技术。

（3）农业和物理防控　晒田：适时排水晒田，降低幼螺存活率。清淤：冬季整修沟渠，清理淤泥，铲除杂草，破坏福寿螺的越冬场所，减少冬后残螺量。旋耕：尽可能使用拖拉机旋耕作业，利用耙刀旋转打击螺体，降低田间螺体数量。控灌：灌溉水渠入水口、排水口及稻田进水口安装滤螺钢丝网或尼龙纱网，网孔大小10目，使其超过水面20厘米，并及时清理拦截区的漂浮物和杂草，阻止福寿螺随水流传播。诱集：稻田中插入竹片、木条（露出水面约50厘米）等引诱福寿螺产卵，集中收集清除。捡拾：集中捡拾稻田内成螺，摘除秧苗上、稻田周边沟渠、杂草上附着的螺卵，集中销毁。收集到的卵块集中深埋或打碎；成螺、幼螺采用集中捣毁或石灰水浸泡等方法杀灭后深埋，或者将螺壳敲碎后饲喂鸡、鸭。

（4）生物防控　主要采取放鸭取食的方式。水稻移栽后10天左右至孕穗末期，每天可早晚各放一次鸭群至稻田及附近水渠中啄食福寿螺。鸭群数量以每亩①20只左右为宜。如条件允许，在周边河道、沟渠、池塘中可适度投放青鱼、鲤、甲鱼等用以捕食福寿螺。

（5）化学防控　当稻田内福寿螺密度较高（每平方米超过3只）、危害严重时，可考虑施用6%四聚乙醛颗粒剂（密达），每亩0.5千克左右，田间均匀施撒或拌细土10千克左右施撒。其他

① 亩为非法定计量单位，1亩≈667米^2。

可选择的化学药剂包括70%杀螺胺粉剂等，每亩0.06千克左右兑水20千克喷洒。施药后田间保持3厘米左右浅水3 ~ 7天。施药后7天禁止将稻田水排入沟渠、鱼塘等，同时施药后禁止放鸭。亦可考虑用茶粕，每亩10 ~ 15千克拌细土10 ~ 15千克，均匀施撒在稻田内。用药时需严格控制用量，不可随意增加药量或施药次数。用药不可避免造成水体环境的污染，可能导致药物在水稻中残留，因此稻田发生区应以物理防控、生物防控和综合利用为主，尽量减少用药。

（6）强化宣传和培训，全民防控　充分利用电视、报刊、网络、移动端等各种媒体广泛宣传，普及福寿螺识别及防控知识，广泛动员群众参与防控工作，提高全社会对福寿螺的防控意识。组织农业管理人员和农业种植户，开展福寿螺的识别和防控技术培训，并到田间地头开展实践应用（图6–2）。

图6–2　福寿螺灭除活动现场

中国水产科学研究院珠江水产研究所　徐猛、房苗

外来鱼类（齐氏罗非鱼）

外来鱼类一旦建立自然种群，将很难被彻底清除。不同于外来植物或昆虫，外来鱼类的研究起步较晚，相关的防控技术较少，由于水体的特殊性，外来鱼类防控的难度也更大。对于齐氏罗非鱼等外来鱼类，选择生物防控，引进捕食性鱼类，虽然可以遏制外来种的种群增长，但同时也会对土著鱼类的生存构成威胁，引进的鱼类可能成为新的有害种；通过刺网、地笼等人为捕捞的方法虽然也有一定效果，但是选择性太差，工作强度太大，而且由于水体的不可预见性，不可能将罗非鱼从水体中全部清除；施用常见的清塘药物，如“鱼藤酮”“清塘剂”“杀虫螺”及生石灰等化学药剂，虽然可以快速清除罗非鱼等有害鱼类，但是也会杀死其他水生生物，只能用作清塘使用。

针对早期外源进入的齐氏罗非鱼幼鱼，可通过带有引诱剂的饵料将它们引入专门的网具。引诱剂包括诱食剂和对齐氏罗非鱼有毒性的饵料，可将鱼的幼体聚集并诱杀。针对齐氏罗非鱼泛滥的水域，可利用特异性杀灭药物进行集中清除，对于无法彻底清除的幼鱼和卵，可通过投放肉食性鱼类进行控制（图6–3）。

农业农村部农业生态与资源保护总站　黄宏坤、贾涛、陈宝雄、张驰
中国水产科学研究院珠江水产研究所　顾党恩

农民日报社主办
2023年3月30日 22:22:14 星期四

首页 | 学习 | 新闻 | 思想 | 互动 | 视听 | 行业

首页 › 绿色生态 › 详情

齐氏罗非鱼防治新技术效果显著

来源：农民日报 | 编辑：赵艺璇 | 作者：刘趁 | 2023-02-09 15:29:33

近日，位于广东省广州市中心的东山湖，湖水清澈透亮，湖底水草丰美，鱼儿在湖中游来游去，游客络绎不绝。东山湖面积35万平方米，为半开放水体，是广州四大生态调蓄湖之一。但在此前，东山湖长期以来遭受严重污染，生态系统濒临崩溃，水质一度沦为劣V类。

广州资源环保科技股份有限公司承担了东山湖的污染治理工作，他们在治理过程中发现以齐氏罗非鱼为主的外来入侵水生动物肆意搅动底泥、打洞做窝以及啃食沉水植物，影响了污染治理效果。为此，广州资源环保科技股份有限公司找到了中国水产科学研究院珠江水产研究所（以下简称珠江所），在珠江所专家的指导下，该公司对东山湖的齐氏罗非鱼进行了治理。结果显示，在控制试验前，齐氏罗非鱼为湖区的优势种，占渔获物重量的79.41%，防控试验20天后，工作人员在渔业调查中未采集到齐氏罗非鱼。

图6-3　齐氏罗非鱼防控效果（图片来源：中国农网）

07 防控外来水生生物，需要哪些努力

7.1 源头预防

海关是防范外来物种入侵、守护国家生物安全的“第一道防线”（图7–1）。针对外来物种入侵，海关的职责包括开展境外风险预警、实施口岸检疫监管、物种鉴定溯源以及检疫处理等。首先是对外监测预警，通过在口岸实施外来入侵物种的普查与监测，采用踏查、诱捕调查等方式摸清我国主要入境口岸的港口、机场、车站、进口货物存放点等重点区域外来入侵物种的种类、数量、分布范围、危害程度等情况，建立健全海关外来物种风险监测评估预警体系。其次是强化检疫监管，进行源头管控，近年来，全国海关持续开展如“国门绿盾”、跨境电商寄递“异宠”综合治理等专项行动，加强对入境货物、运输工具、寄递物、旅客行李、跨境电商、边民互市等渠道外来入侵物种的口岸检疫监管，对非法引进、携带、寄递、走私外来物种等违法行为进行打击清理，同时对内加强部门合作，形成执法合力。此外，海关不断提

高技术执法能力，一方面积极推进数字赋能，对口岸截获入侵物种案例进行风险分析，动态研判行邮渠道的动植物产品伪瞒报风险，通过精准布控提升防控能力；另一方面强化技术赋能，通过使用微波探测技术、低温红外生物查验系统以及X光查验鉴定系统提升口岸物种搜检能力，建立基于形态、理化和分子特征的多维鉴定溯源技术体系，搭建广谱物种基因检测鉴定技术平台，不断提高口岸现场查验和实验室精准鉴定能力，运用科技手段筑牢口岸生物安全防线，防范外来物种入侵。

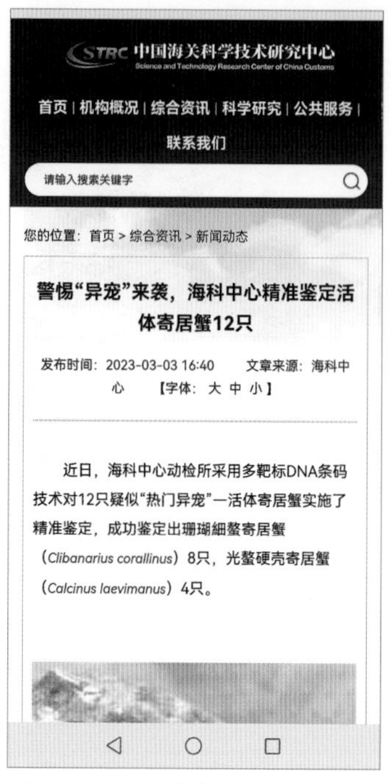

图7-1 防控外来物种，海关在行动

中国海关科学技术中心 蒲静

7.2 风险评估

通过早期预警从源头上阻止高风险外来物种进入自然水域也是降低防控成本的有效手段。外来水生生物入侵，主要分为引入、逃逸、建群、扩散、产生危害五个阶段，风险评估的作用是在其入侵过程中识别其逃逸、携带和传播病原体、对生态环境和社会经济产生影响的风险，掌握具体的风险信息，采用适当的方法进行管理，以减轻外来物种的潜在危害。

图7-2　外来物种风险分析

风险评估的对象主要包括计划引入的物种以及已经引入的物种。外来物种风险分析包括风险识别、风险评估、风险管理和风险交流4个部分（图7-2），主要是利用物种的生物学、生态学、对生态和经济的影响等特征来判别外来物种是否存在风险，确定其风险等级。

风险评估的方法主要包括两大类：基于外来物种特性的评估方法和基于物种分布模型的外来物种适生区预测。它们是目前应用较广的两种风险识别方法。前者定性或定量地分析物种特征与入侵性的相关性，依此判断外来物种入侵风险等级；而后者基于气候或环境的相似性，利用数学模型预测外来物种在新环境中发生的概率。

引进和借鉴国际上最新的外来鱼类管理理念和风险评估技术，建立适合我国管理系统的外来水生生物风险技术标准，对于提高我国外来物种的监管能力十分重要。

中国水产科学研究院珠江水产研究所　韦慧

 7.3 早期识别

随着全球各区域外来物种入侵数量的急剧上升和其负面影响的不断扩大，人们已经意识到加强入侵物种的早期识别对保护生物多样

性和生态系统安全至关重要。新兴的eDNA（environmental DNA，环境DNA）技术为此提供了一种高效、灵敏、应答迅速的监测方法。

eDNA是指直接从环境样品（如水、沉积物、土壤等）中提取到的DNA，是不同物种遗留在环境中的DNA片段的总和，包括生物体经由皮肤、鳞片、黏液、唾液、尿液、粪便、精液、卵子等释放到环境中的DNA。eDNA技术是指基于环境样品，通过分子生物学手段（包括DNA提取、PCR扩增、测序等）获取生物的DNA片段，对目标物种进行遗传标记识别的方法（图7-3）。运用eDNA技术可以对生态环境中低丰度物种的痕量DNA进行检测，从而实现对入侵物种的早期识别，有助于及时实施或调整入侵物种的防控策略。该方法检测效率和灵敏度远高于传统方法，且人力和时间成本也相对较低，成为近年来倍受青睐的新型外来物种监测方法。早在2008年，法国科学家Ficetola就使用eDNA技术实现了对池塘入侵物种美洲牛蛙（*Rana catesbeiana*）的监测。随后，该技术逐渐运用于水生生态系统中生物入侵的早期识别。例如，研究者运用亚洲鲤鱼的特

图7-3　环境DNA取样（舒璐　供图）

异性标记，通过qPCR（quantitative PCR）扩增，监测亚洲鲤鱼在北美五大湖周边流域的入侵状况，对检测到亚洲鲤鱼eDNA的水域加强管控，从而防止了亚洲鲤鱼入侵范围的进一步扩大。此外，除了外来物种的特异检测，eDNA技术还可以基于宏条形码标记，通过检测鱼类多样性来评估外来物种的种类组成与分布情况。例如，2016年土耳其科学家利用鱼类宏条形码Cyt b标记从Iznik湖的18个采样点中成功检测出23种鱼类，其中包括8种本地重要经济鱼类和3种入侵鱼类，揭示了eDNA技术检测外来物种的灵敏性。因此，鉴于eDNA技术在入侵物种早期识别方面的优势，将eDNA技术与传统监测方法结合，建立健全的应急防控机制与反应体系是未来外来物种监管与防控工作的一个发展趋势。

中国水产科学研究院珠江水产研究所　舒璐

7.4 长期监测

外来水生生物的入侵是一个长期而复杂的过程，其对生态系统的影响也是一个漫长的过程，这种时滞效应常常导致外来水生生物入侵造成的生态危机被人们所忽视，这是水生生物入侵危害得不到公众重视的一个原因，而一旦建立种群并暴发就到了难以控制的地步。这一现状不仅存在于我国，在欧美发达国家，亚洲鲤鱼（主要是鲤和四大家鱼）的入侵，几十年并未得到有效控制。为更好地为防控服务，需要对重点水域的外来水生生物开展定期调查，掌握典型外来水生生物种群动态和扩散趋势；建立外来水生生物的基础数据库，为后续的防控和管理提供基础资料；构建外来入侵水生生物的风险预警体系，对风险进行实时预警，从而提前采取防控措施，减少灾害损失。

中国水产科学研究院珠江水产研究所　顾党恩
中国海洋大学　陈江源
中国科学院南海海洋研究所　罗腾达、陈奕铭

7.5 集中清除

通过长期监测，掌握外来水生生物的分布和扩散规律，针对严重危害农业生产和农民生活的物种如福寿螺等外来入侵物种，在其集中暴发区域和危害严重区域开展针对性的捕捞和灭除活动，降低外来物种入侵的危害，如农业农村部门每年都会组织定期的重大危害外来入侵物种集中灭除活动（图7–4）。

图7–4　农业农村部门定期组织的集中灭除活动（贾涛　供图）

农业农村部农业生态与资源保护总站　贾涛、张驰、黄宏坤、段青红、赵美玉

遵守法律规定

（1）遵守法律规定，不擅自引进、释放或者丢弃外来物种 《生物安全法》第六十一条规定：任何单位和个人未经批准，不得擅自引进、释放或者丢弃外来物种，第八十一条进一步明确了放生外来物种的处罚措施：违反本法规定，未经批准，擅自释放或者丢弃外来物种的，由县级以上人民政府有关部门根据职责分工，责令限期捕回、找回释放或者丢弃的外来物种，处一万元以上五万元以下的罚款。《刑法》第三百四十四条之一规定：违反国家规定，非法引进、释放或者丢弃外来入侵物种，情节严重的，处三年以下有期徒刑或者拘役，并处或者单处罚金；还规定了非法引进、丢弃、释放外来入侵物种罪，情节严重的可处三年以下有期徒刑。《野生动物保护法》第四十条也规定：从境外引进野生动物物种的，应当采取安全可靠的防范措施，防止其进入野外环境，避免对生态系统造成危害；不得违法放生、丢弃，确需将其放生至野外环境的，应当遵守有关法律法规的规定。

（2）遵守养殖规定，科学合理养殖 《长江保护法》规定：禁止在长江流域开放水域养殖、投放外来物种或者其他非本地物种种质资源。《黄河保护法》也明确规定：禁止在黄河流域开放水域养殖、投放外来物种和其他非本地物种种质资源。

中国水产科学研究院珠江水产研究所　房苗

7.7 遵守增殖放流（放生）规定

不科学不规范的增殖放流，特别是随意放生，可能造成生态和社会危害，为此，相关法律法规和制度规范已对增殖放流行为作出了相应规定。

（1）不能放生外来物种，特别是外来入侵物种 《野生动物保护法》规定：任何组织和个人将野生动物放生至野外环境，应当选择适合放生地野外生存的当地物种，不得干扰当地居民的正常生活、生产，避免对生态系统造成危害。随意放生野生动物，造成他人人身、财产损害或者危害生态系统的，依法承担法律责任。《生物安全法》规定：违反本法规定，未经批准，擅自释放或者丢弃外来物种的，由县级以上人民政府有关部门根据职责分工，责令限期捕回、找回释放或者丢弃的外来物种，处一万元以上五万元以下的罚款。2023年2月，江苏女子徐某放生12吨革胡子鲇，其与鱼贩刘某被告上法庭罚款14.8万元。特别需要注意的是，《刑法》规定：违反国家规定，非法引进、释放或者丢弃外来入侵物种，情节严重的，处三年以下有期徒刑或者拘役，并处或者单处罚金（图7-5）。目前，农业农村部已经公布《重点管理外来入侵物种

图7-5 2021年3月1日起施行的《刑法修正案（十一）》新增了一些重点罪名，其中就包括“非法引进、释放、丢弃外来入侵物种罪”

名录》，根据该办法，放生列入该名录的物种可能面临刑事责任。

（2）人工选育物种、非本地物种或其他不符合生态安全要求的物种也不能放生 《长江保护法》第四十二条规定：禁止在长江流域开放水域养殖、投放外来物种或者其他非本地物种种质资源。《黄河保护法》第四十一条规定：禁止在黄河流域开放水域养殖、投放外来物种和其他非本地物种种质资源。《水生生物增殖放流管理办法》第十条规定：不得向天然水域投放杂交种、外来种、转基因种以及其他不符合生态安全要求的水生生物物种。根据以上规定，常见的误用来放生的金鱼、锦鲤等观赏鱼以及台湾泥鳅、异育银鲫等养殖品种均不能在天然水域或开放水域放生。不适宜放生的物种名录可以参考《农业农村部关于做好“十四五”水生生物增殖放流工作的指导意见》附件4和中国水产学会科学放鱼科普专家团队发布的《不适宜开展增殖放流（放生）的水生生物物种》。

（3）开展规模性放生活动要向渔业主管部门报备，渔业主管部门应当予以支持和协助 《水生生物增殖放流管理规定》第十条规定：单位和个人自行开展规模性水生生物增殖放流活动的，应当提前15日向当地县级以上地方人民政府渔业行政主管部门报告增殖放流的种类、数量、规格、时间和地点等事项，接受监督检查。经审查符合本规定的增殖放流活动，县级以上地方人民政府渔业行政主管部门应当给予必要的支持和协助。根据该规定，当规模性放生活动报备后，当地渔业主管部门应该告知适合放生物种、苗种来源、放流数量、放流地点、放流方式等必要信息。

（4）放生苗种应来源于正规渠道 《农业农村部关于做好“十四五”水生生物增殖放流工作的指导意见》要求：要规范社会

放流水生生物来源，严禁从农贸市场、观赏鱼市场等渠道购买、放流水生生物。单位和个人自行开展的规模性放流活动，水生生物原则上应来源于增殖放流苗种供应基地。目前，农业农村部已公布首批水生生物增殖放流苗种供应基地和社会公众定点放流（放生）场所（图7-6）。规模性放生活动苗种应来源于农业农村部已公布的增殖放流苗种供应基地。

图7-6　社会公众在“智能渔技”综合信息服务平台网站上可以查询农业农村部公布的水生生物增殖放流苗种供应基地和社会公众定点放流场所的相关信息

全国水产技术推广总站　罗刚

规范宠物弃养行为，做好积极引导

团体放生与宠物弃养是导致外来水生生物入侵的重要因

素，这两种行为投放的外来生物都导致部分区域生态环境的破坏与本土物种的灭顶之灾，其中宠物弃养的危害明显大于团体放生。

由于人民生活水平的提高，很多家庭都会饲养宠物，其中养鱼便是很多人的优先选择。在选择水生宠物的时候，很多人由于猎奇心理会选择奇形怪状的种类，除此以外，为了减少饲养过程中的维护压力，也有很多人选择功能性生物，其中包含很多外来物种。因此，规范水族市场、加强水族市场生物种类的管理以及加强大众的法律意识成为很重要的任务（图7-7）。

图7-7 水族市场提供的专门用于放生的鱼类

私人水生宠物的后续管理是一个重要的问题。很多人一时兴起或者因为工作生活等压力所迫，往往不得已将手中的爱宠处理掉，除去私人出售，也有部分人选择丢弃到河流、湖泊、公园人工湖等。这些弃养外来生物造成的危害和潜在的对人类的伤害是不可估量的，比如雀鳝、豹纹翼甲鲇、红耳彩龟等，目前已有部分水域成为豹纹翼甲鲇一家独大的空间，以至于很多花样处理野生豹纹翼甲鲇的视频出现，这些视频是个人人为处理外来物种的优良表现，应当给予鼓励与支持。除此以外，外来物种中的水生宠物也是科普标本的优良来源之一。

中国科学院海洋研究所　杨彬

7.9 公众积极参与

专业人士要加强外来入侵水生动物的科普宣传，从专业角度提高公众对外来入侵生物危害严重性的认识，避免外来入侵水生生物的丢弃和放生，使全社会共同参与到外来入侵水生生物的防控中来，群策群力，减少外来入侵水生生物的生态和经济影响。

其实，外来入侵水生物种防控，不是那么遥远，我们每个人都可以参与，都可以做出自己的贡献。比如，不放生、放流或者丢弃外来水生物种；尽量不购买和养殖外来入侵水生物种作为宠物；在野外发现外来水生物种，或者不愿再饲养外来水生物种，我们可以进行无害化处理，或者移交野生动物救护中心和相关科研院所。除此之外。普通公民还可以主动报告身边发现的外来物种，为外来物种治理提供线索。如果人人都能够从力所能及的小事做起，随手消灭身边的外来入侵物种，就能真正筑立起外来物种入侵防控的“长城”，打赢这场外来物种入侵阻击战（图7–8）。

图7-8　积极参与抓捕非洲大蜗牛的小朋友

中国水产科学研究院珠江水产研究所　顾党恩

7.10 遇到不认识的水生生物该怎么办

钓到的鱼不认识怎么办，会不会是国家重点保护物种，会不会是外来物种？放生的鱼不认识怎么办，会不会是外来物种，会不会把淡水鱼放到海里去？养的观赏鱼不想要了怎么办，如果是外来物种该怎么处理？

随意处理外来水生生物很可能违法。《生物安全法》规定：任何单位和个人未经批准，不得擅自引进、释放或者丢弃外来物种。《刑法》规定：非法猎捕、杀害国家重点保护的珍贵、濒危野生动物的，或者非法收购、运输、出售国家重点保护的珍贵、濒危野生动物及其制品的，处有期徒刑或者拘役，并处罚金。举个例子：2022年9月中旬，广西百色有人往当地的澄碧河水库投放豹纹翼甲鲇，被当地农业农村局罚款2.8万元，并要求限期七日内捕回释放的清道夫。

图7–9 “看鱼”App的“鉴定”栏目

所以，当我们引进、捕获、放生、丢弃水生生物时，一定要先搞清楚这是什么鱼。可以打电话给当地渔政执法部门和科研推广机构，也可以请教当地钓友，还可以拍照发到“看鱼”App上，请水生生物爱好者和有关专家帮助鉴定（图7–9）。

中国水产科学研究院珠江水产研究所　顾党恩
全国水产技术推广总站　罗刚

中国水产学会外来水生生物防控科学传播专家团队名单

序号	姓名	工作单位	学科专长
淡水鱼类组			
1	胡隐昌	中国水产科学研究院珠江水产研究所	入侵生态学
2	顾党恩	中国水产科学研究院珠江水产研究所	鱼类入侵生态学
3	邢迎春	中国水产科学研究院	鱼类生态学
4	王晓梅	中国水产科学研究院	鱼类生态学
5	刘　凯	中国水产科学研究院淡水渔业研究中心	鱼类生态学
6	吴金明	中国水产科学研究院长江水产研究所	鱼类生态学
7	李　雷	中国水产科学研究院黑龙江水产研究所	鱼类生态学
8	杨　刚	中国水产科学研究院东海水产研究所	鱼类生态学
9	王忠辉	中国农业科学院农业环境与可持续发展研究所	植物生态学
10	郭传波	中国科学院水生生物研究所	渔业资源保护
11	沈禹羲	南京市红山森林动物园	渔业资源保护
12	崔瑞娜	中国科学院动物研究所	动物入侵生态学
13	李　鸿	湖南省水产科学研究所	鱼类保护
14	覃　烨	广西壮族自治区渔政指挥中心	鱼类保护
15	陈伟强	吉林省水产科学研究院	鱼类保护
16	徐浩然	辽宁省淡水水产科学研究院	鱼类保护

（续）

序号	姓名	工作单位	学科专长
17	段国庆	安徽省农业科学院水产研究所	鱼类保护
18	周　波	四川省农业科学院水产研究所	鱼类保护
19	梁　祥	云南省渔业科学研究院	鱼类保护
20	姜　盟	南京江豚水生生物保护协会	鱼类保护
21	张　芹	河南省水产科学研究院	鱼类保护
22	丁兆宸	南京江豚水生生物保护协会	鱼类保护
海水鱼类组			
1	庄　平	中国水产科学研究院东海水产研究所	鱼类保护
2	李　昂	中国水产科学研究院黄海水产研究所	海洋生物分类，渔业资源
3	丁少雄	厦门大学	海洋生物学，入侵生物学
4	吴昊昊	厦门大学	海洋鱼类分类与进化
5	刘　攀	上海自然博物馆	海洋鱼类分类
6	孙　凯	藤纹自然景观设计工作室	水产养殖
7	刘枫凝	原镜里自然设计工作室	海洋鱼类
8	王浩展	自然资源部三沙海洋中心	渔业资源，海洋鱼类
9	周佳俊	浙江省森林资源监测中心	野生动植物资源监测保护
10	郑斯迪	广东宇南检测技术有限公司	海洋生物学
11	刘泽道	北京大学	肿瘤测序与药物开发
12	石功鹏阳	香港科技大学	生物与医药

（续）

序号	姓名	工作单位	学科专长
		甲壳类组	
1	张　弛	中国海洋大学	渔业资源
2	陈江源	中国海洋大学	渔业资源
3	陈奕铭	中国海洋大学	渔业资源
4	黄皓晨	中国科学院南海海洋研究所	渔业资源
5	罗腾达	中国科学院南海海洋研究所	渔业资源
6	徐　猛	中国水产科学研究院珠江水产研究所	入侵生态学
7	房　苗	中国水产科学研究院珠江水产研究所	入侵生态学
8	潘贤辉	广西壮族自治区水产科学研究院	鱼类保护
9	周康奇	广西壮族自治区水产科学研究院	鱼类保护
10	苏良霞	武汉轻工大学	鱼类保护
11	罗　思	淮阴工学院	鱼类保护
12	李成久	辽宁省海洋与渔业执法总队	水生生物鉴定
13	张　旭	中国科学院动物研究所	生物多样性本底调查
		两栖爬行类组	
1	史海涛	海南师范大学	爬行类
2	刘　宣	中国科学院动物研究所	入侵生态学
3	杜元宝	中国科学院动物研究所	脊椎动物保护
4	李高俊	海南省海洋与渔业科学院	鱼类保护
5	蔡杏伟	海南省海洋与渔业科学院	鱼类保护
6	闫　卓	中国科学院动物研究所	动物入侵生态学
7	李文杰	中国科学院动物研究所	动物入侵生态学

（续）

序号	姓名	工作单位	学科专长
8	余梵冬	中国水产科学研究院珠江水产研究所	入侵生态学
9	舒　璐	中国水产科学研究院珠江水产研究所	入侵生态学
10	田辉伍	中国水产科学研究院长江水产研究所	鱼类生态学
11	刘春龙	中国海洋大学	入侵生态学
		贝类、棘皮类、头足类组	
1	郑小东	中国海洋大学	海水养殖，头足类分类、繁育与遗传多样性
2	王举昊		海洋生物分类
3	马培振	中国科学院海洋研究所	海洋贝类多样性
4	陈子越	上海海洋大学	头足类渔业生态学
5	梁彬兰	广西科学院	海洋科普课程设计
6	杨　彬	中国科学院海洋研究所	水环境化学、儿童心理学、工厂化循环水养殖
7	刘　毅	中国红树林保育联盟，莆田绿萌滨海湿地研究中心	滨海湿地及生物多样性、海洋贝类多样性
8	曾晓起	中国海洋大学	渔业资源增殖、棘皮动物多样性
9	黄　宇	PADI潜水教练（OWSI）	海洋课程设计、珊瑚礁生态普查
10	吴海峰	《博物》杂志	鸟类和哺乳动物
11	赵鑫彤	蓝蹼生态	水下摄影、科普
12	葛红星	江苏海洋大学	渔业资源

（续）

序号	姓名	工作单位	学科专长
水生植物组			
1	张国良	中国农业科学院农业环境与可持续发展研究所	入侵植物学
2	宋　振	中国农业科学院农业环境与可持续发展研究所	入侵植物生态学
3	韦　慧	中国水产科学研究院珠江水产研究所	入侵生态学
4	贾　栋	山西农业大学	入侵生态学
5	谢昊洋	中国科学院水生生物研究所水生生物博物馆	生态保护
6	刘　飞	西藏自治区农牧科学院水产科学研究所	生态保护
7	张　希	哈尔滨市农业科学院	生态保护
8	袁至立	中国农业科学院农业环境与可持续发展研究所	入侵生态学
9	王　伊	中国农业科学院农业环境与可持续发展研究所	入侵生态学
10	顾世民	中国科学院动物研究所	入侵生态学
观赏鱼类组			
1	汪学杰	中国水产科学研究院珠江水产研究所	观赏鱼繁育
2	王淑红	集美大学	观赏鱼繁育
3	姜巨峰	天津市水产研究所	观赏鱼贸易与管理
4	史东杰	北京市农林科学院水产科学研究所	观赏鱼管理
5	田　媛	信阳农林学院	观赏鱼繁育
6	陈熹贤	澳门科技大学	鱼类保护
7	韦舒健	澳门城市大学	鱼类保护
8	邱　宁	交通运输部天津水运科学研究院	鱼类保护
9	喻　焱	四川省农业科学院水产研究所	鱼类保护
10	林永晟	福建省大田县桃源镇人民政府	鱼类保护
11	王　钦	中国科学院水生生物研究所	渔业资源保护

（续）

序号	姓名	工作单位	学科专长
12	刘　飞	中国科学院水生生物研究所	渔业资源保护
13	熊小琴	内江师范学院	鱼类保护
14	庄维诚	台湾中山大学	鱼类保护
15	张　岳	中国农业科学院农业环境与可持续发展研究所	入侵生态学
16	马　涛	中国农业科学院农业环境与可持续发展研究所	入侵生态学
防控技术推广应用组			
1	黄宏坤	农业农村部农业生态与资源保护总站	生态保护
2	贾　涛	农业农村部农业生态与资源保护总站	农业资源保护
3	罗　刚	全国水产技术推广总站	渔业资源保护
4	陈宝雄	农业农村部农业生态与资源保护总站	生态学
5	赵亚辉	中国科学院动物研究所	鱼类学
6	王　旭	中国农业科学院	农业资源与区划
7	张　驰	农业农村部农业生态与资源保护总站	农业资源保护
8	赵美玉	农业农村部农业生态与资源保护总站	农业资源保护
9	陈圣灿	全国水产技术推广总站	渔业资源保护
10	郑天伦	浙江省水产技术推广总站	鱼类保护
11	方民杰	福建省水产研究所	鱼类保护
12	问思恩	陕西省水产技术推广站	鱼类保护

图书在版编目（CIP）数据

当心水中的“外来客”：外来水生生物防控必知 / 顾党恩，罗刚，黄宏坤主编. —北京：中国农业出版社，2023.12

ISBN 978-7-109-31583-9

Ⅰ. ①当…　Ⅱ. ①顾…②罗…③黄…　Ⅲ. ①水生生物—外来种—侵入种—防治措施—图集　Ⅳ. ①Q178.42-64

中国国家版本馆CIP数据核字（2023）第228299号

中国农业出版社出版
地址：北京市朝阳区麦子店街18号楼
邮编：100125
策划：中国水产学会水产出版传媒科学传播专家团队
责任编辑：王金环　蔺雅婷
版式设计：小荷博睿　　责任校对：吴丽婷
印刷：三河市国英印务有限公司
版次：2023年12月第1版
印次：2023年12月河北第1次印刷
发行：新华书店北京发行所
开本：880mm×1230mm　1/32
印张：4
字数：95千字
定价：48.00元
